Dear parents,

As a mom and as an educator, I am pleased to share this workbook series with all of you. I developed the Tiger Math series for elementary school, utilizing all of my knowledge and experience that I have gained while studying and working in the fields of Elementary Education and Gifted Education in South Korea as well as in the United States.

While raising my kids in the U.S., I had great disappointment and dissatisfaction about the math curriculum in the public schools. Based on my analysis, students cannot succeed in math with the current school curriculum because there is no sequential building up of fundamental skills. This is akin to building a castle on sand. So instead, I wanted to find a good workbook, but couldn't. And I also tried to find a tutor, but the price was too expensive for me. These are the reasons why I decided to make the Tiger Math series on my own.

The Tiger Math series was designed based on my three beliefs toward elementary math education.

1. It is extremely important to build foundation of math by acquiring a sense of numbers and mastering the four operation skills in terms of addition, subtraction, multiplication, and division.
2. In math, one should go through all steps in order, step by step, and cannot jump from level 1 to 3.
3. Practice math every day, even if only for 10 minutes.

If you feel that you don't know where your child should start, just choose a book in the Tiger Math series where your child thinks he/she can complete most of the material. And encourage your child to do only 2 sheets every day. When your child finishes the 2 sheets, review them together and encourage your child about his/her daily accomplishment.

I hope that the Tiger Math series can become a stepping stone for your child in gaining confidence and for making them interested in math as it has for my kids. Good luck!

> Michelle Y. You, Ph.D.
> Founder and CEO of Tiger Math

ACT scores show that only one out of four high school graduates are prepared to learn in college. This preparation needs to start early. In terms of basic math skills, being proficient in basic calculation means a lot. Help your child succeed by imparting basic math skills through hard work.

> Sungwon S. Kim, Ph.D.
> Engineering Professor

Level A – 1: Plan of Study

Goal A: Learn the numbers between 1 and 10 by counting, reading, writing, and ordering. (Week 1 ~ 2)

Goal B: Learn the numbers between 11 and 20 by counting, reading, writing, and ordering. (Week 3 ~ 4)

Week 1

Day	Tiger Session		Topic	Goal
Mon	1	2	Numbers of 1 ~ 10	Counting, writing, ordering numbers
Tue	3	4		
Wed	5	6		
Thu	7	8		
Fri	9	10		

Week 2

Day	Tiger Session		Topic	Goal
Mon	11	12	Review: Numbers 1 ~ 10	Counting, writing, ordering numbers
Tue	13	14		
Wed	15	16		
Thu	17	18		
Fri	19	20		

Week 3

Day	Tiger Session		Topic	Goal
Mon	21	22	Numbers 11 ~ 20	Counting, writing, ordering numbers
Tue	23	24		
Wed	25	26		
Thu	27	28		
Fri	29	30		

Week 4

Day	Tiger Session		Topic	Goal
Mon	31	32	Review: Numbers 1 ~ 20	Counting, writing, ordering numbers
Tue	33	34		
Wed	35	36		
Thu	37	38		
Fri	39	40		

Week 1

This week's goals are:
1) to learn the numbers between 1 and 10 by counting, reading, and writing, and
2) to know the order of the numbers.

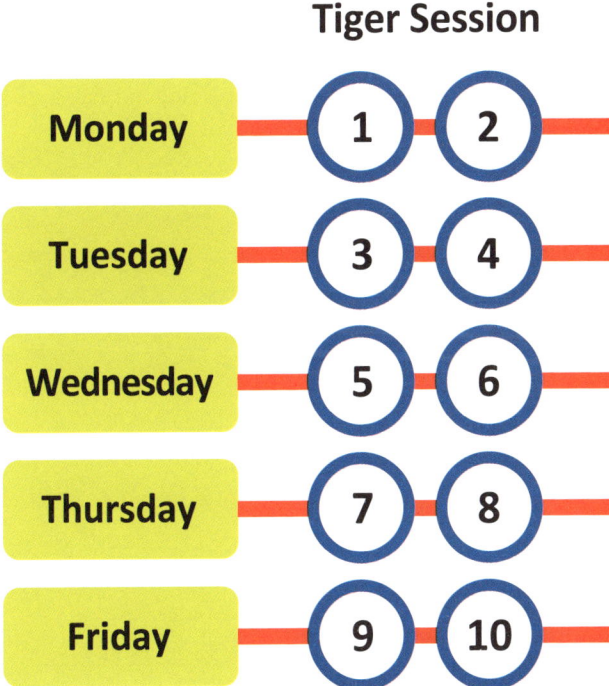

1 Numbers 1 ~ 10 ①

Date

Time spent: min

Yes, I'm done!

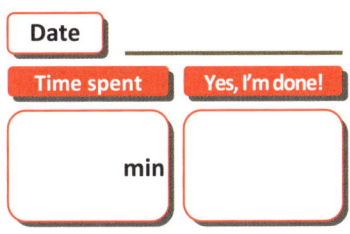

♠ **Count and write the number of objects.**

1

One

2

Two

1		2	

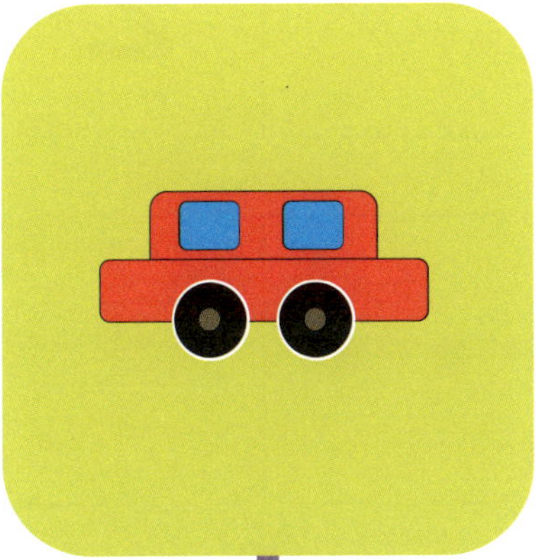

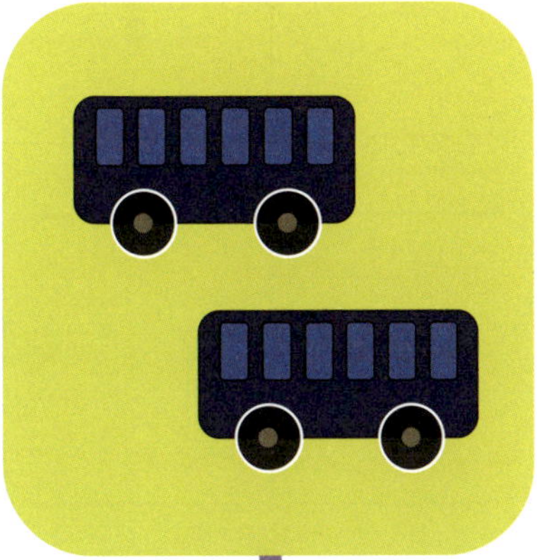

♠ **Count and write the number of objects.**

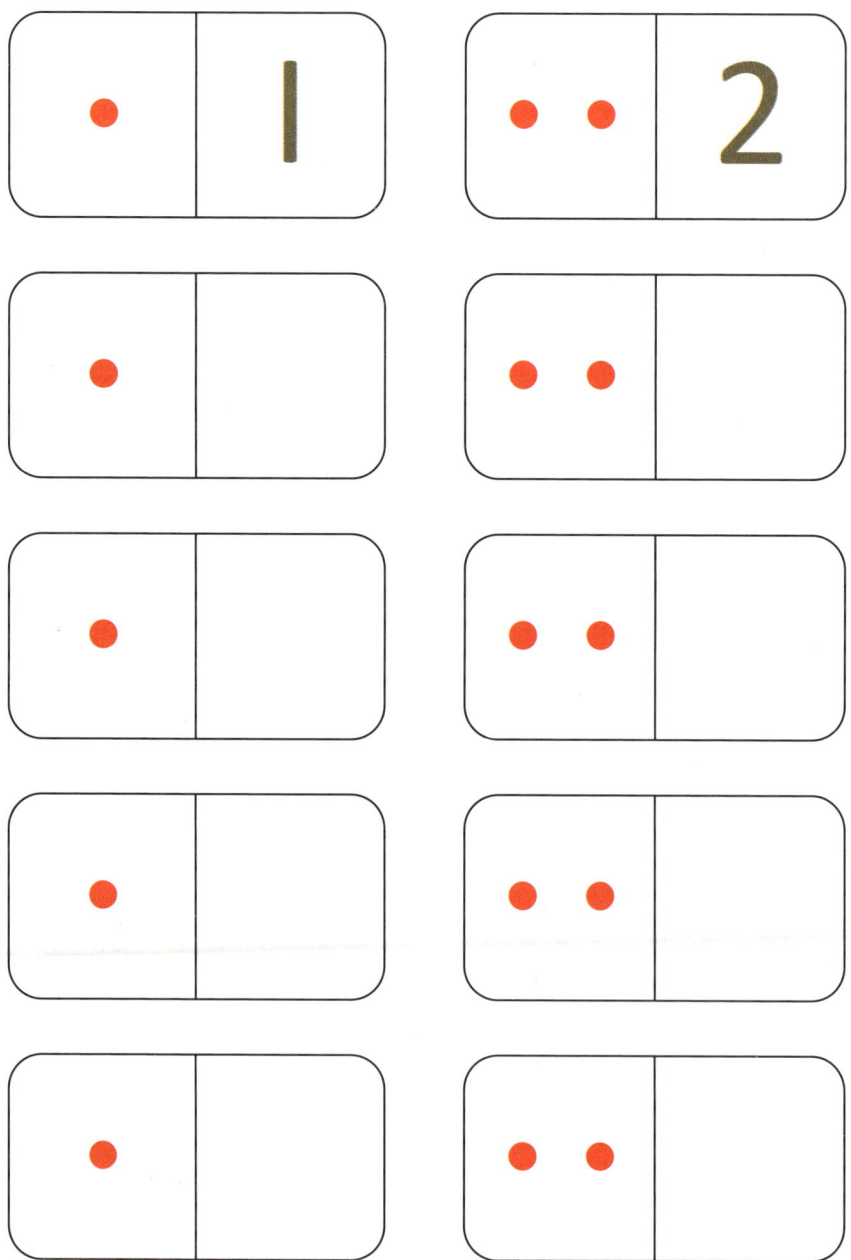

2 Numbers 1 ~ 10 ②

Date ______

Time spent	Yes, I'm done!
min	

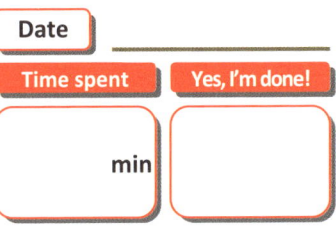

♠ **Write the missing number.**

( ) — 2 — 3

1 — ( ) — 3

( ) — 2 — 3

1 — ( ) — 3

♠ **Write the missing number.**

| 1 | | 3 | 4 | 5 |

| | 2 | 3 | 4 | 5 |

| 1 | | 3 | 4 | 5 |

| | | 3 | 4 | 5 |

Date

Time spent | Yes, I'm done!

min

3 Numbers 1 ~ 10 ③

♠ **Count and write the number of objects.**

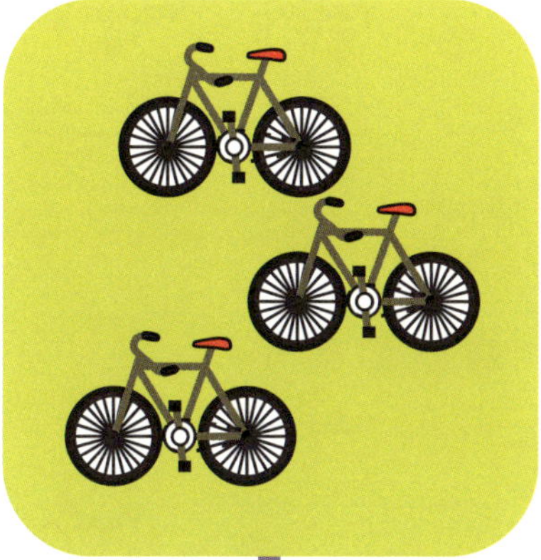

3

Three

3

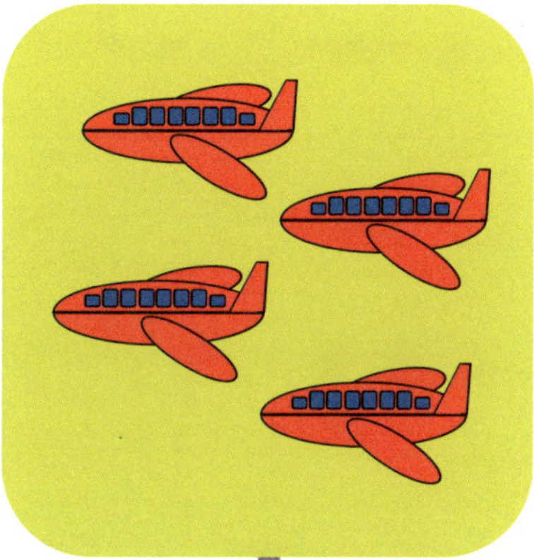

4

Four

4

♠ **Count and write the number of objects.**

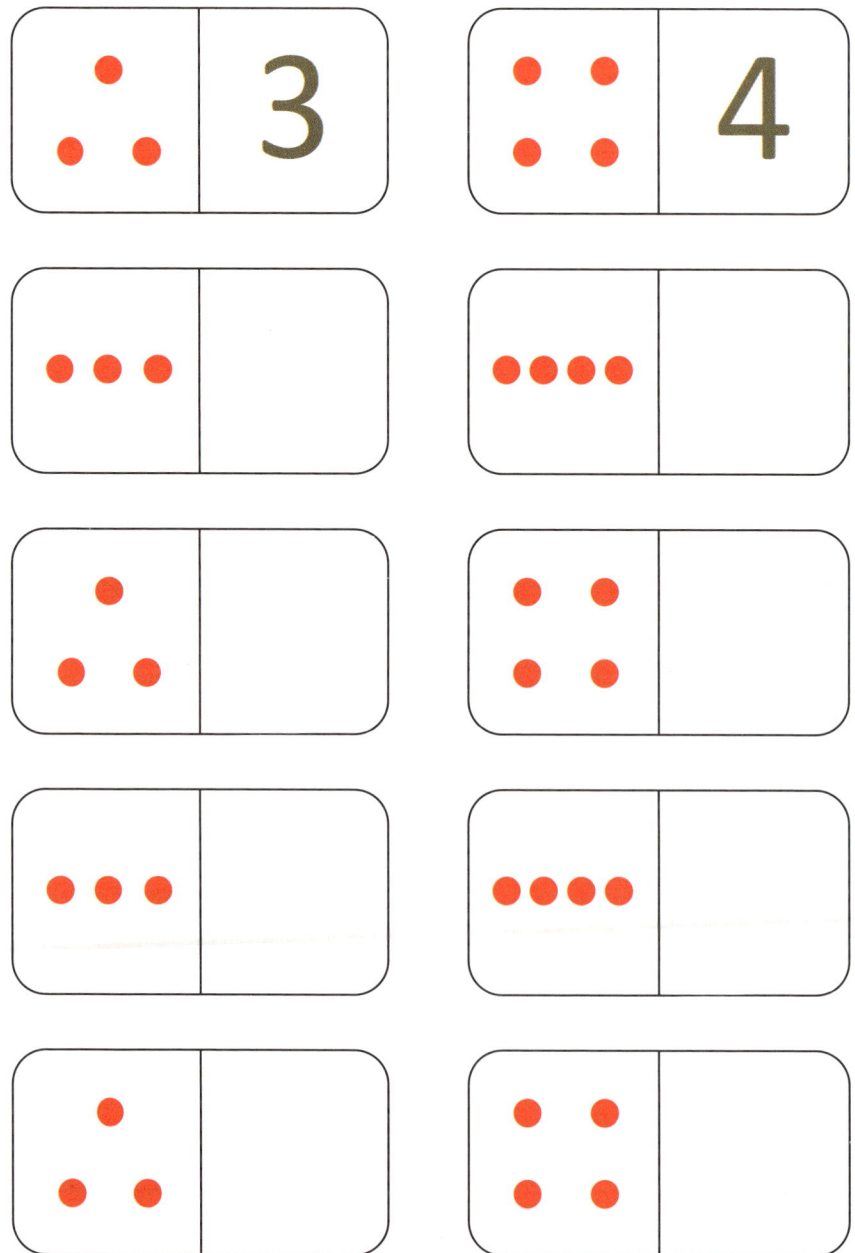

4 Numbers 1 ~ 10 ④

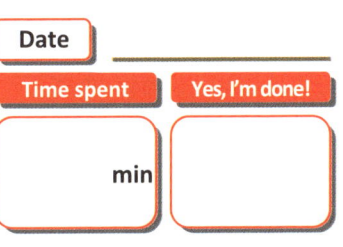

♠ **Write the missing number.**

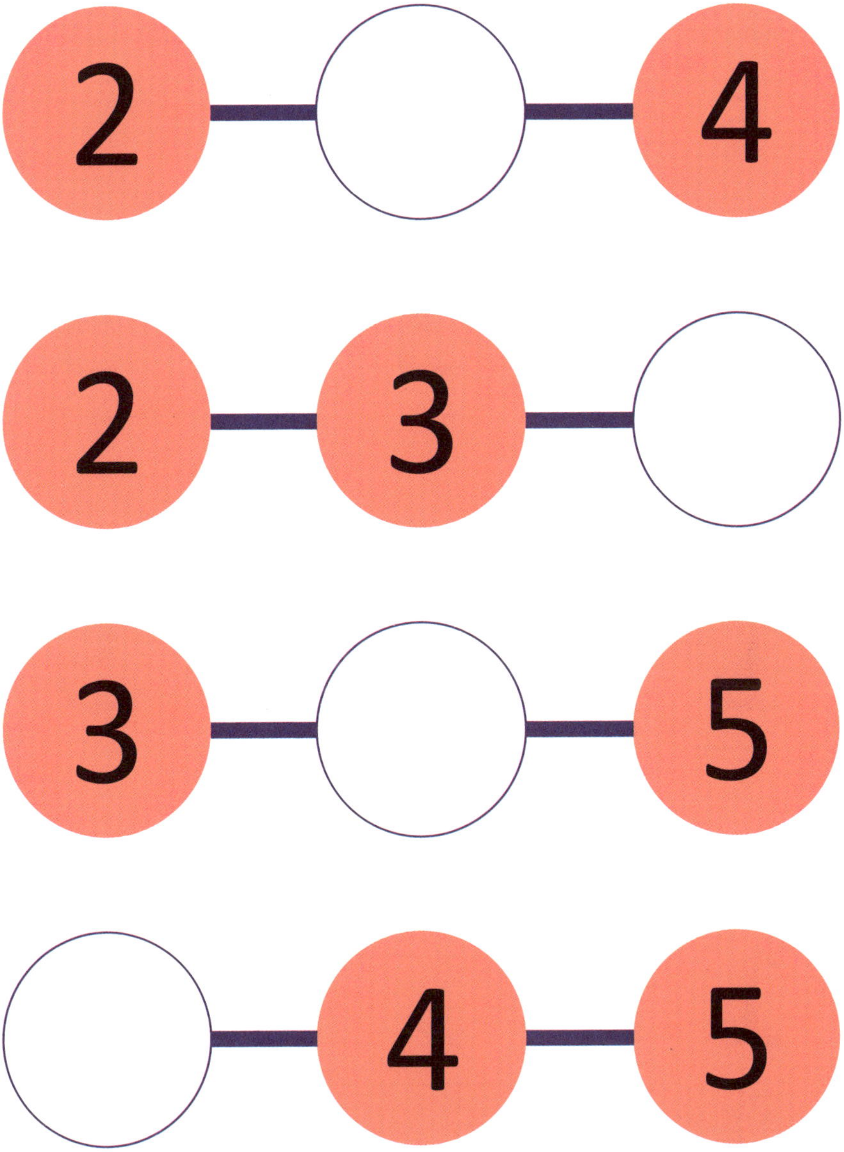

2 — ◯ — 4

2 — 3 — ◯

3 — ◯ — 5

◯ — 4 — 5

♠ **Write the missing number.**

| 1 | 2 | | 4 | 5 |

| 1 | 2 | 3 | | 5 |

| 1 | 2 | | 4 | 5 |

| 1 | 2 | | | 5 |

Date	
Time spent	Yes, I'm done!
min	

5 Numbers 1 ~ 10 ⑤

♠ **Count and write the number of objects.**

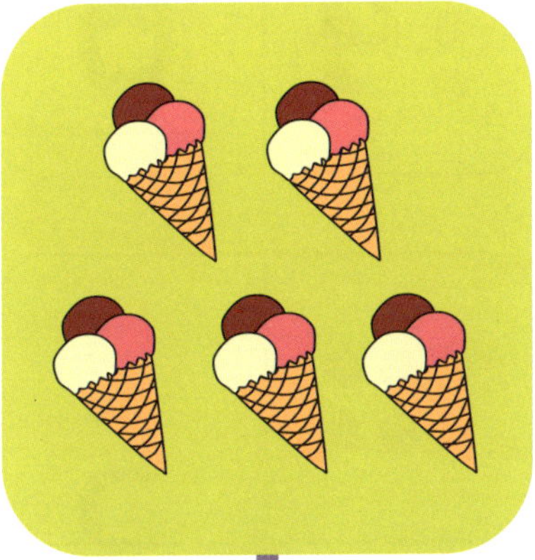

5

Five

5	

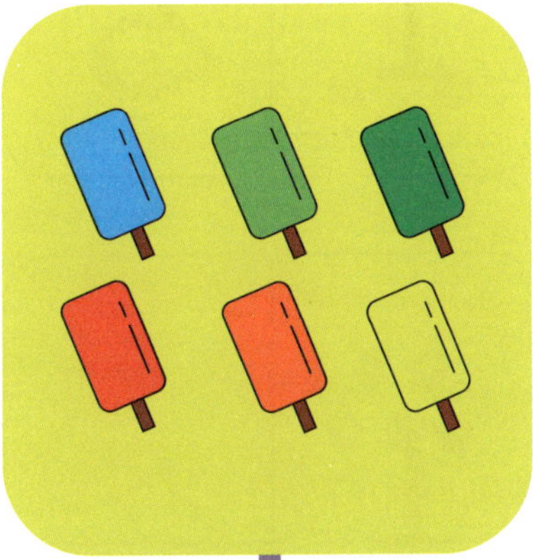

6

Six

6	

♠ **Count and write the number of objects.**

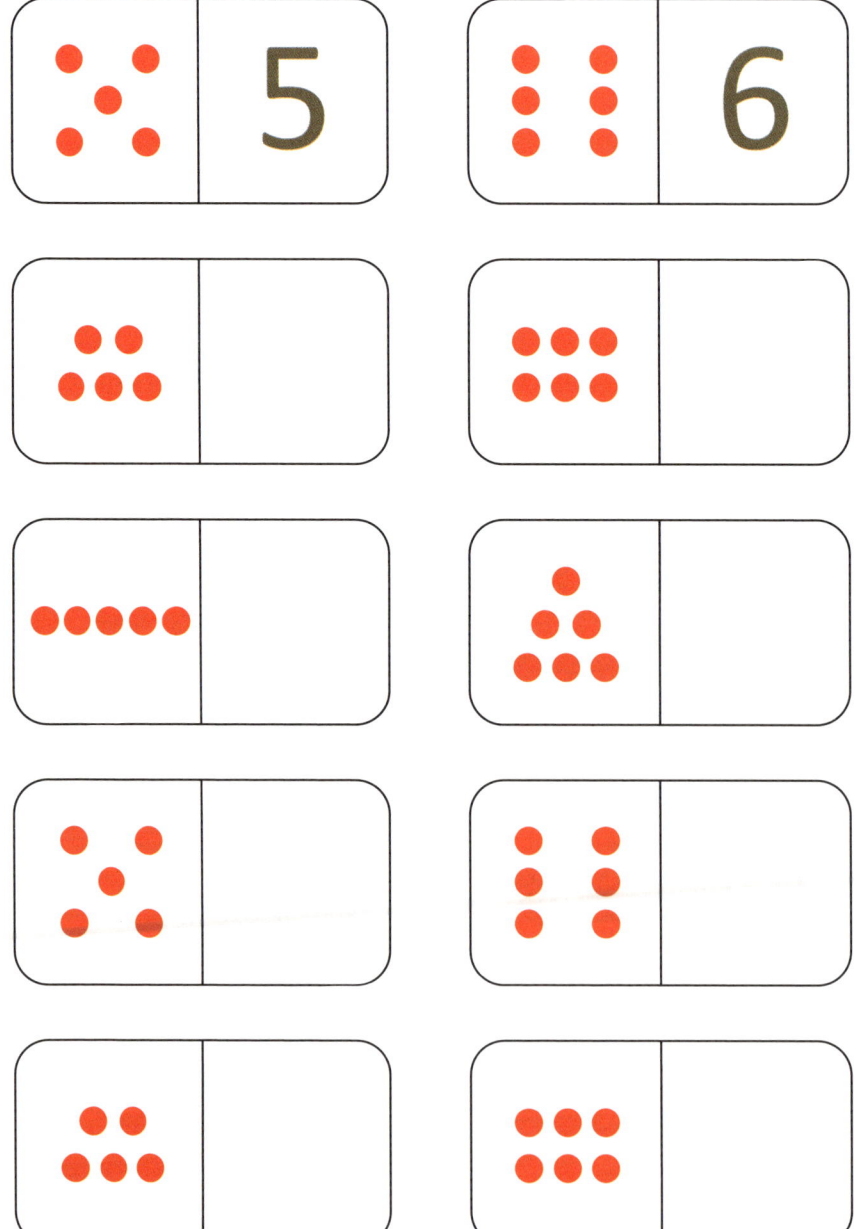

6 Numbers 1 ~ 10 ⑥

Date

Time spent	Yes, I'm done!
min	

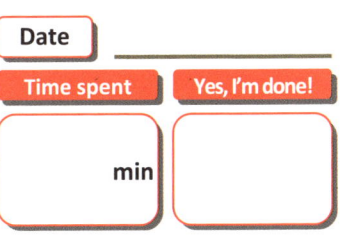

♠ **Write the missing number.**

5		7
	6	7
4	5	
4		6

♠ **Write the missing number.**

| 3 | 4 | | 6 | 7 |

| 3 | 4 | 5 | | 7 |

| 3 | 4 | | 6 | 7 |

| 3 | 4 | | | 7 |

Date ____________

Time spent	Yes, I'm done!
min	

7 Numbers 1 ~ 10 ⑦

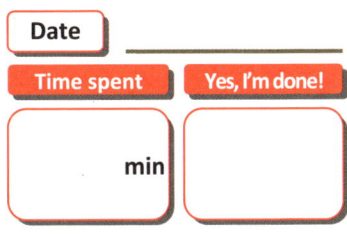

♠ **Count and write the number of objects.**

7

Seven

7	

8

Eight

8	

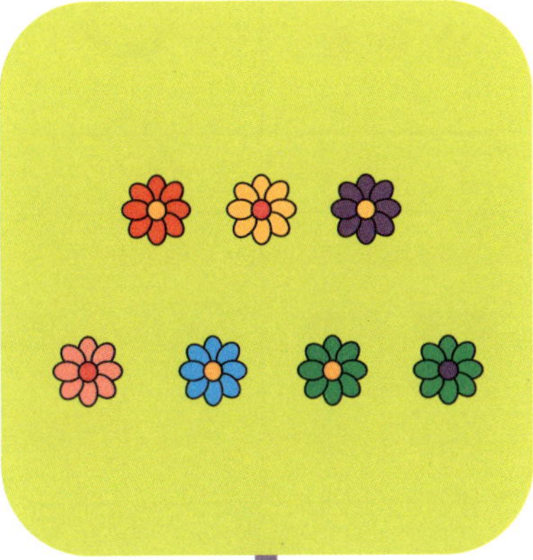

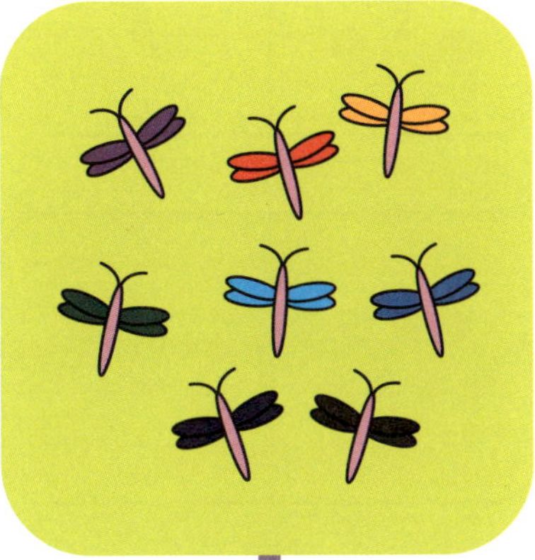

♠ **Count and write the number of objects.**

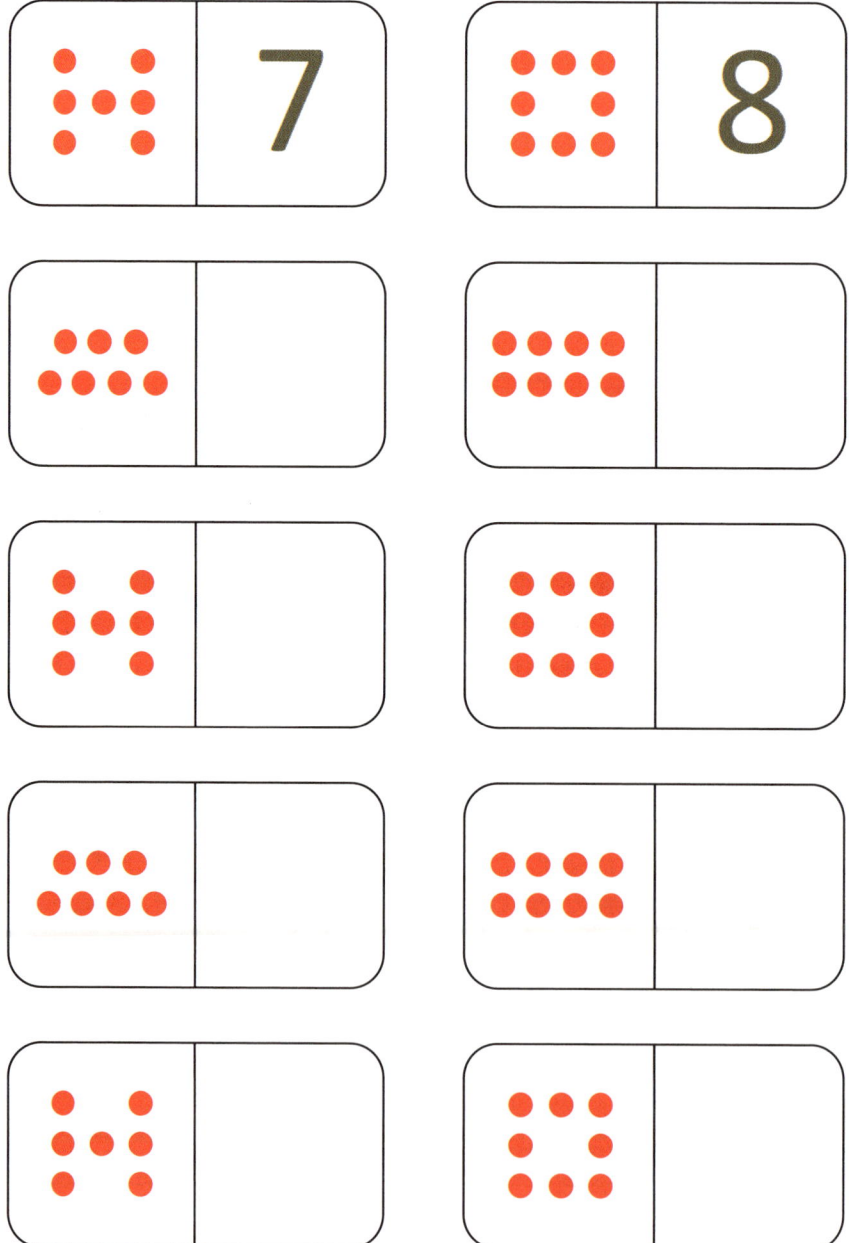

Date ______

Time spent	Yes, I'm done!
min	

8 Numbers 1 ~ 10 ⑧

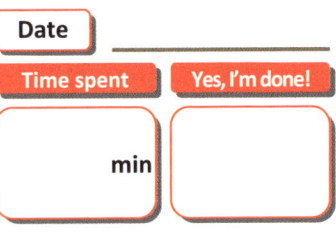

♠ **Write the missing number.**

( ) — 8 — 9

6 — 7 — ( )

7 — ( ) — 9

5 — 6 — ( )

♠ **Write the missing number.**

| 5 | 6 | | 8 | 9 |

| 5 | 6 | 7 | | 9 |

| 5 | 6 | | 8 | 9 |

| 5 | 6 | | | 9 |

Date ____

Time spent | Yes, I'm done!

min

9 Numbers 1 ~ 10 ⑨

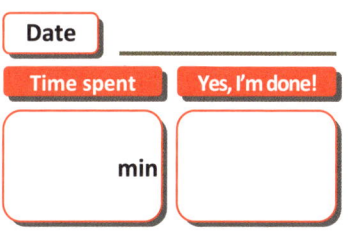

♠ **Count and write the number of objects.**

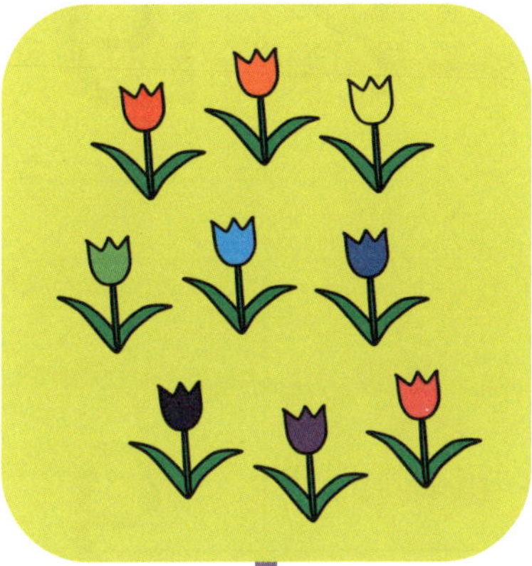

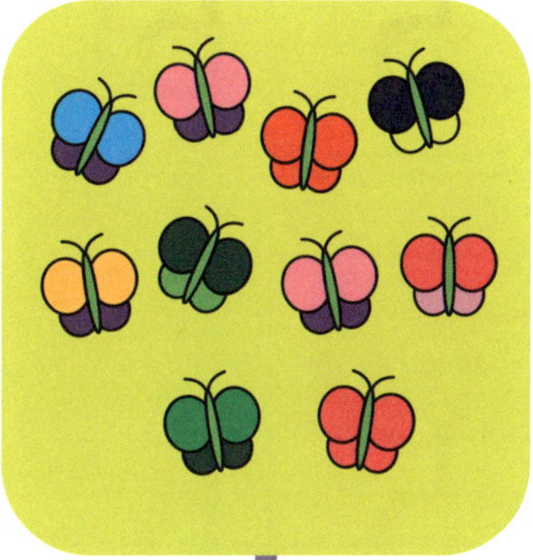

9 Nine	10 Ten
9	10

♠ **Count and write the number of objects.**

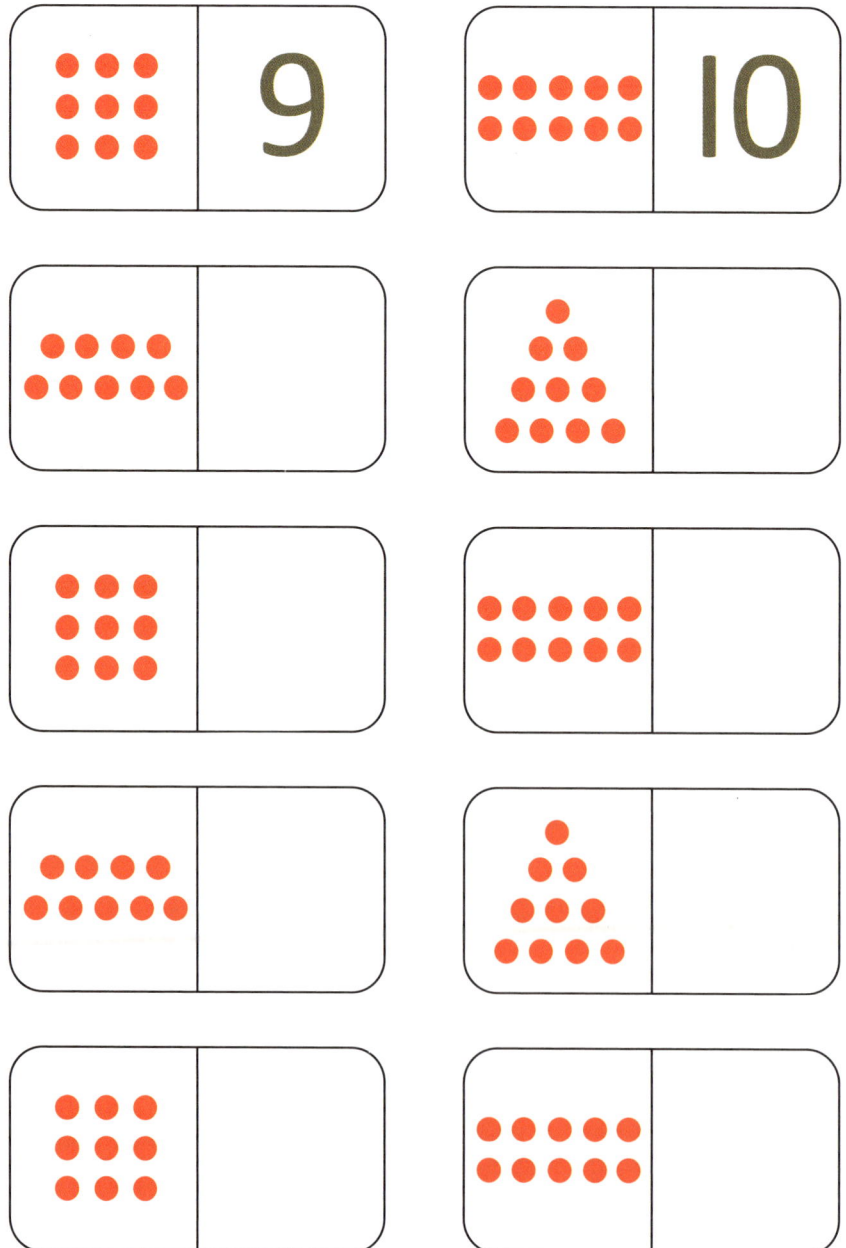

Date

Time spent

min

Yes, I'm done!

10 Numbers 1 ~ 10 ⑩

♠ Write the missing number.

8	9	
8		10
	10	11
9		11

♠ **Write the missing number.**

| 6 | 7 | 8 | | 10 |

| 6 | 7 | 8 | 9 | |

| 6 | 7 | 8 | | 10 |

| 6 | 7 | 8 | | |

Week 2

This week's goal is to review the numbers between 1 and 10.

Tiger Session

Day		
Monday	11	12
Tuesday	13	14
Wednesday	15	16
Thursday	17	18
Friday	19	20

Review: Numbers 1 ~ 10 ①

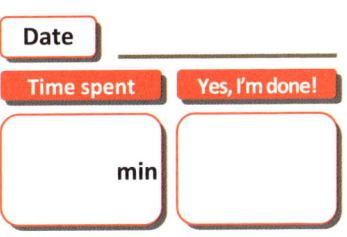

♠ **Count the objects and circle the right number.**

| | 3 5 9 |

| | 2 7 10 |

| | 1 6 8 |

| | 4 8 9 |

♠ **Count and write the number of objects.**

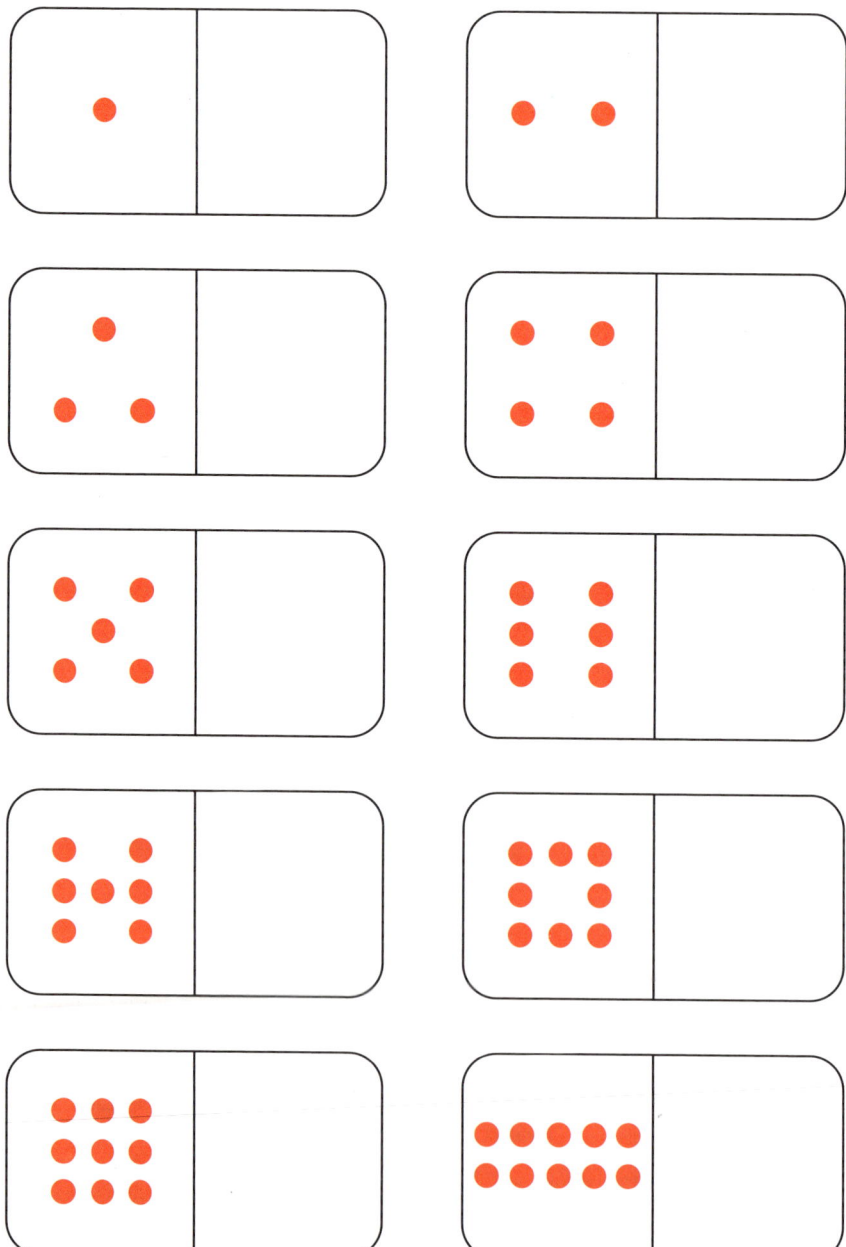

12 Review: Numbers 1 ~ 10 ②

Date ______

Time spent ______ min

Yes, I'm done!

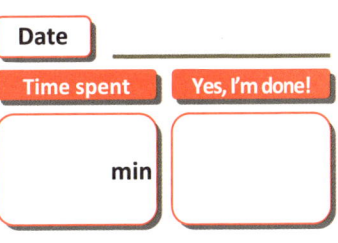

♠ **Write the missing number.**

( )	5	6
7	8	( )
1	( )	3
( )	6	7

♠ **Write the missing number.**

| 1 | | 3 | 4 |

| 4 | 5 | 6 | |

| 7 | | 9 | 10 |

| 3 | 4 | | 6 |

13 Review: Numbers 1 ~ 10 ③

♠ **Count the number of objects and connect to the number.**

 •　　　　　　• 3

 •　　　　　　• 10

 •　　　　　　• 6

 •　　　　　　• 7

♠ **Count and write the number of objects.**

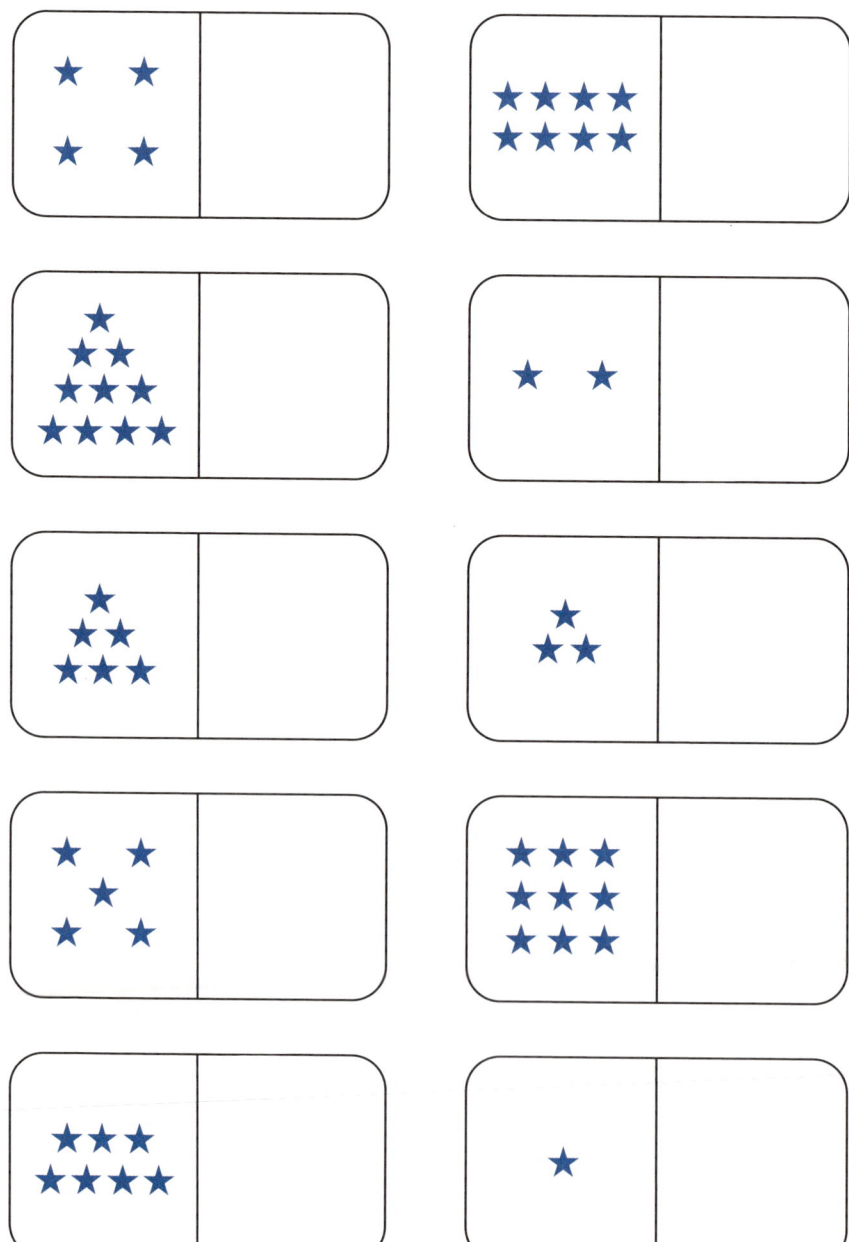

14

Review: Numbers 1 ~ 10 ④

Date ______

Time spent	Yes, I'm done!
min	

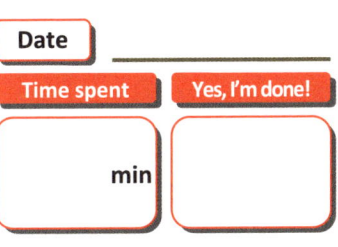

♠ **Write the missing number.**

5 — ◯ — 7

◯ — 4 — 5

6 — 7 — ◯

4 — ◯ — 6

♠ **Write the missing number.**

| 2 | 3 | | 5 |

| 6 | 7 | 8 | |

| | 2 | 3 | 4 |

| 7 | | 9 | 10 |

15

Review: Numbers 1 ~ 10 ⑤

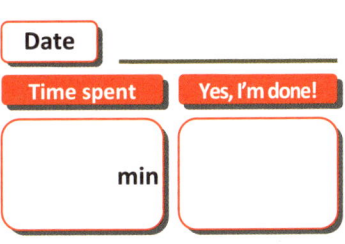

♠ Circle as many dots as the given number.

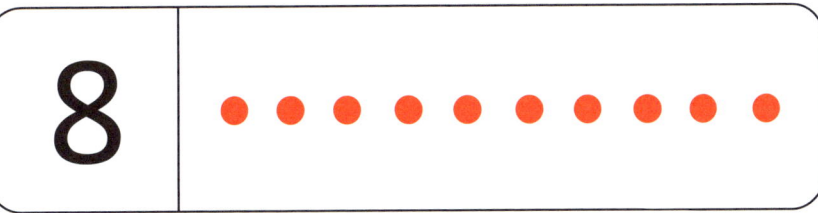

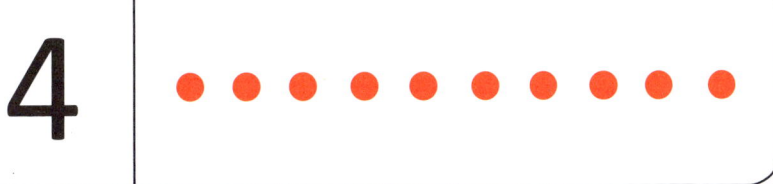

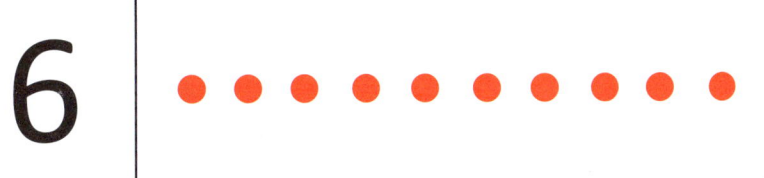

♠ **Count and write the number of objects.**

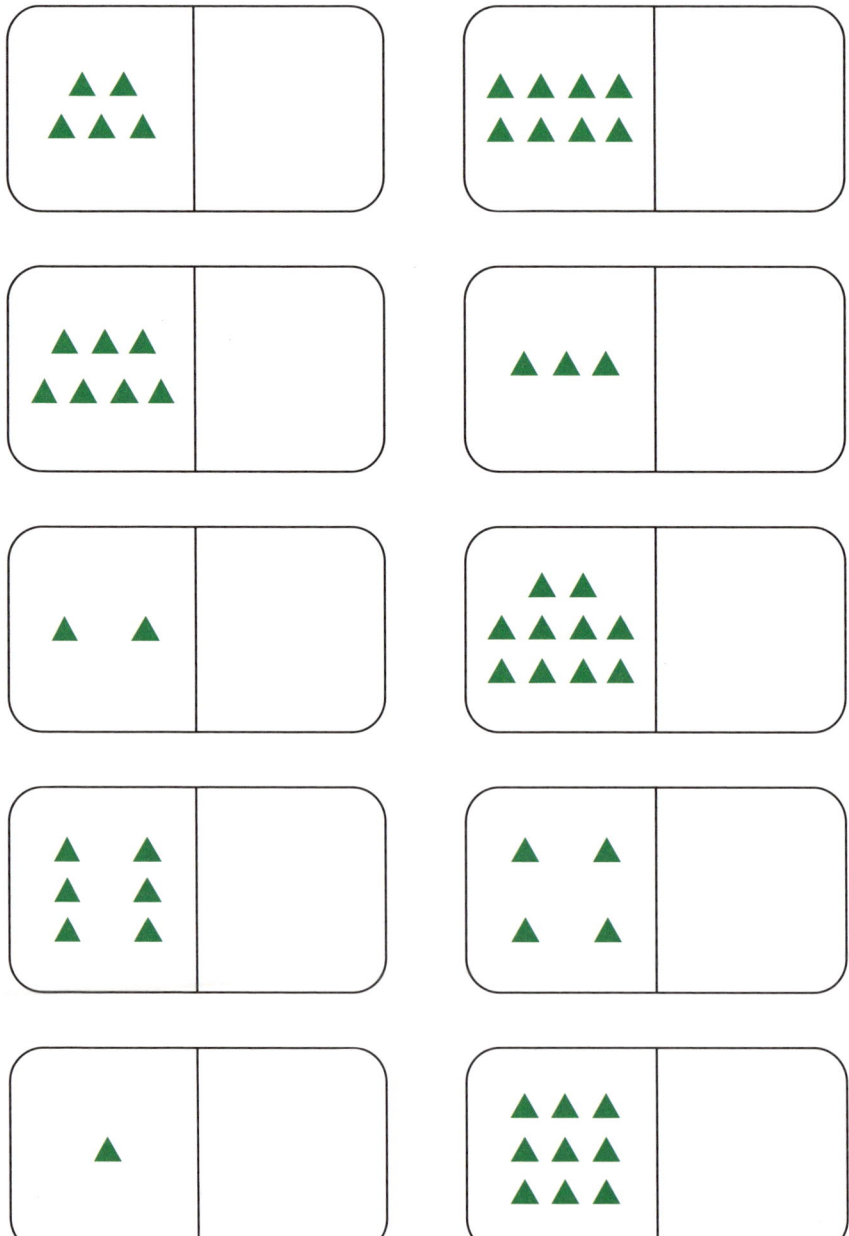

Date ________

Time spent ______ min

Yes, I'm done!

16 Review: Numbers 1 ~ 10 ⑥

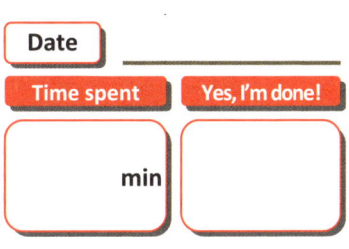

♠ **Write the missing number.**

2		4
5	6	
	5	6
7		9

♠ **Write the missing number.**

1		3	4	5
6	7	8		10

1	2		4	5
6		8	9	10

1	2	3		5
	7	8	9	10

Review: Numbers 1 ~ 10 ⑦

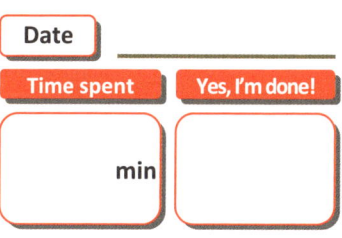

♠ Draw as many dots as the given number.

♠ **Count and write the number of objects.**

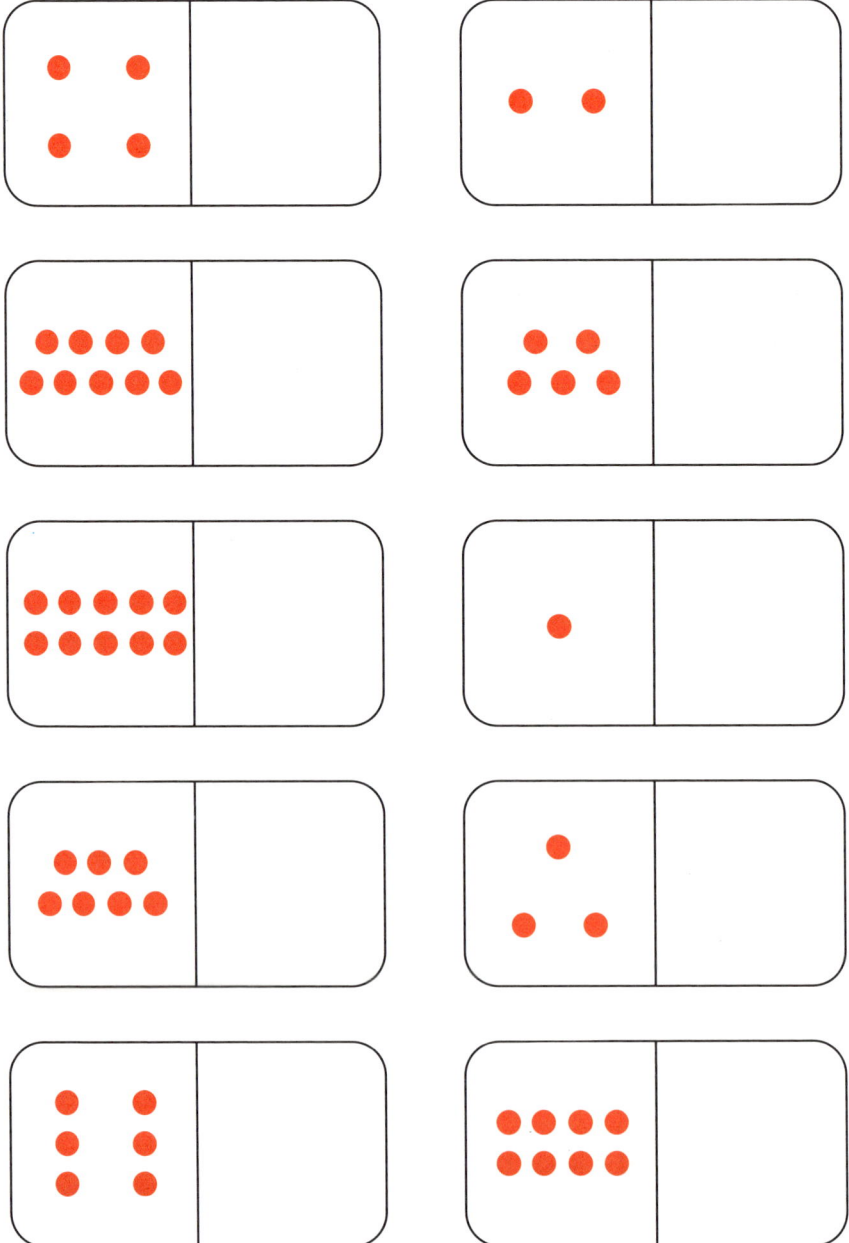

Date

Time spent | Yes, I'm done!

min

18 Review: Numbers 1 ~ 10 ⑧

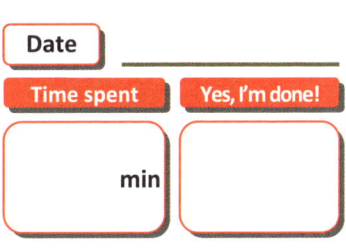

♠ **Write the missing number.**

4 — ___ — 6

___ — 2 — 3

7 — ___ — 9

5 — 6 — ___

♠ **Write the missing number.**

| 1 | 2 | | 4 | 5 |

| 6 | 7 | | 9 | 10 |

| 1 | 2 | 3 | | 5 |

| 6 | | 8 | 9 | 10 |

Review: Numbers 1 ~ 10 ⑨

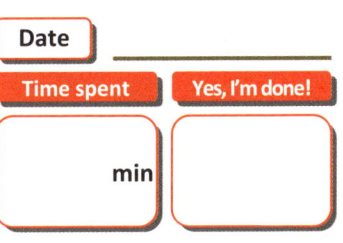

♠ **Count and write the number of objects.**

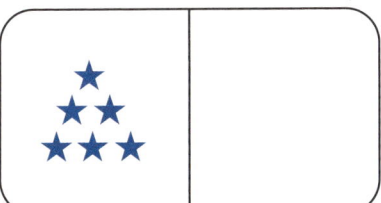

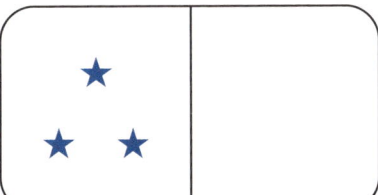

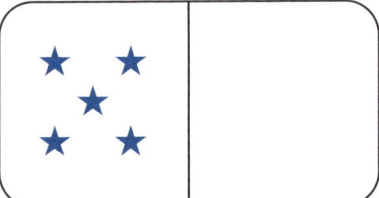

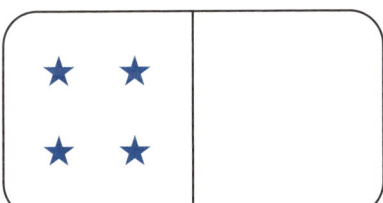

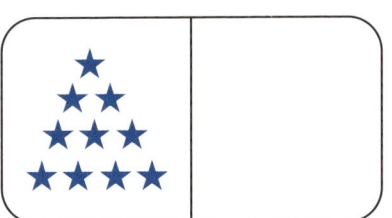

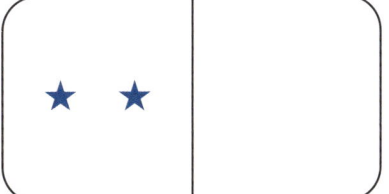

♠ **Count the number of objects and connect to the number.**

 •

• 10

 •

• 4

 •

• 8

 •

• 9

 •

• 3

Date

Time spent

min

Yes, I'm done!

20 Review: Numbers 1 ~ 10 ⑩

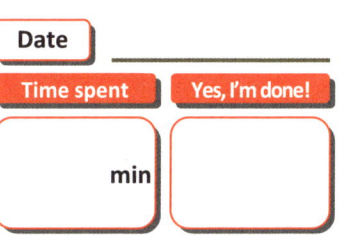

♠ **Write the missing number.**

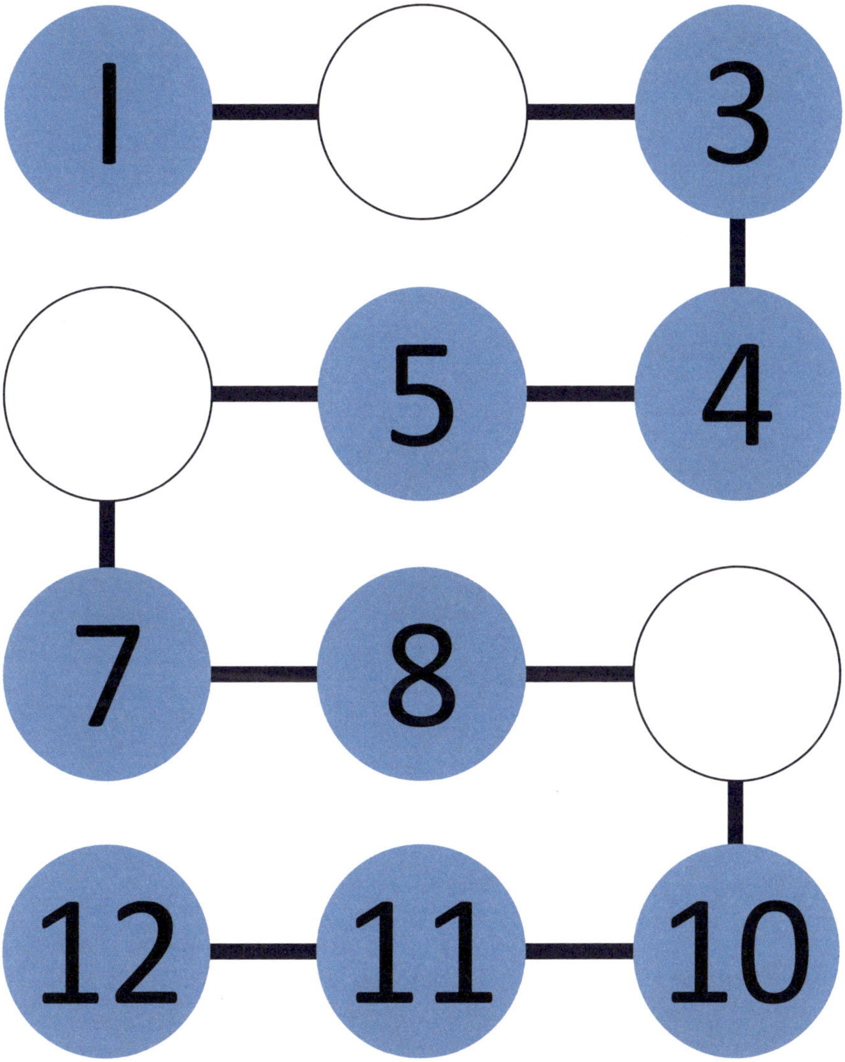

♠ **A baby bee lost her mom. Find the way to go to her mom by connecting 1 to 10 in order.**

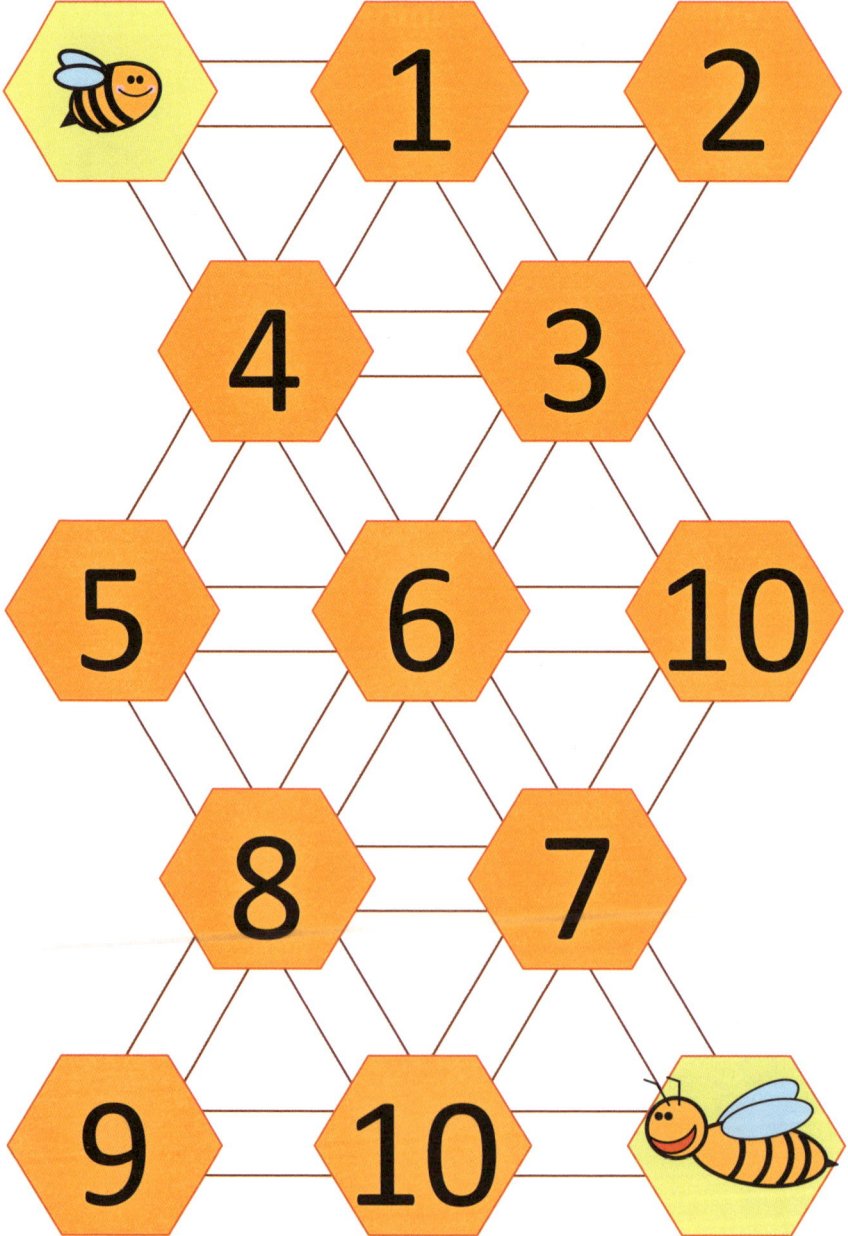

Week 3

This week's goals are:
1) to learn the numbers between 11 and 20 by counting, reading, and writing, and
2) to know the order of the numbers.

Tiger Session

Day		
Monday	21	22
Tuesday	23	24
Wednesday	25	26
Thursday	27	28
Friday	29	30

Date

Time spent | Yes, I'm done!

min

21 Numbers 11 ~ 20 ①

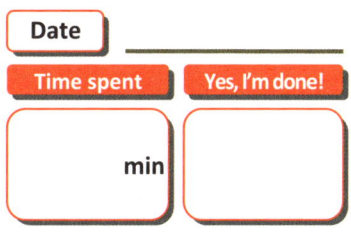

♠ **Count and write the number of objects.**

11

Eleven

11

12

Twelve

12

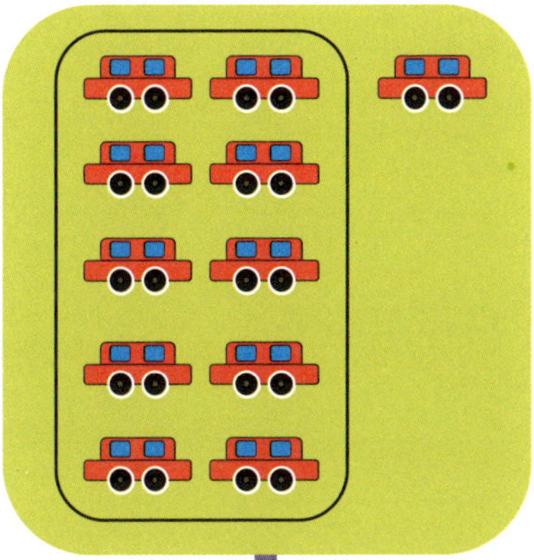

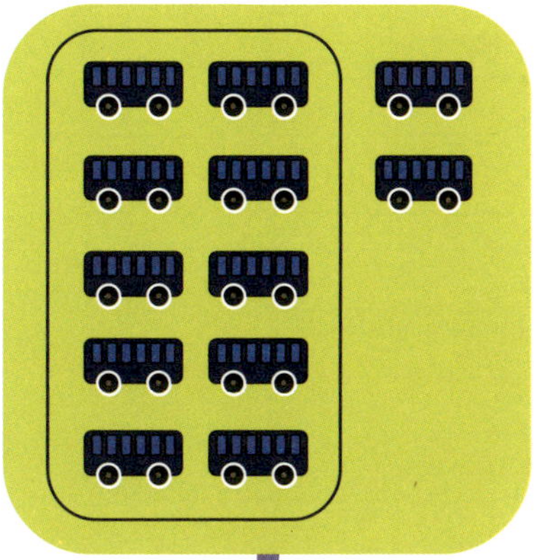

♠ **Count and write the number of objects.**

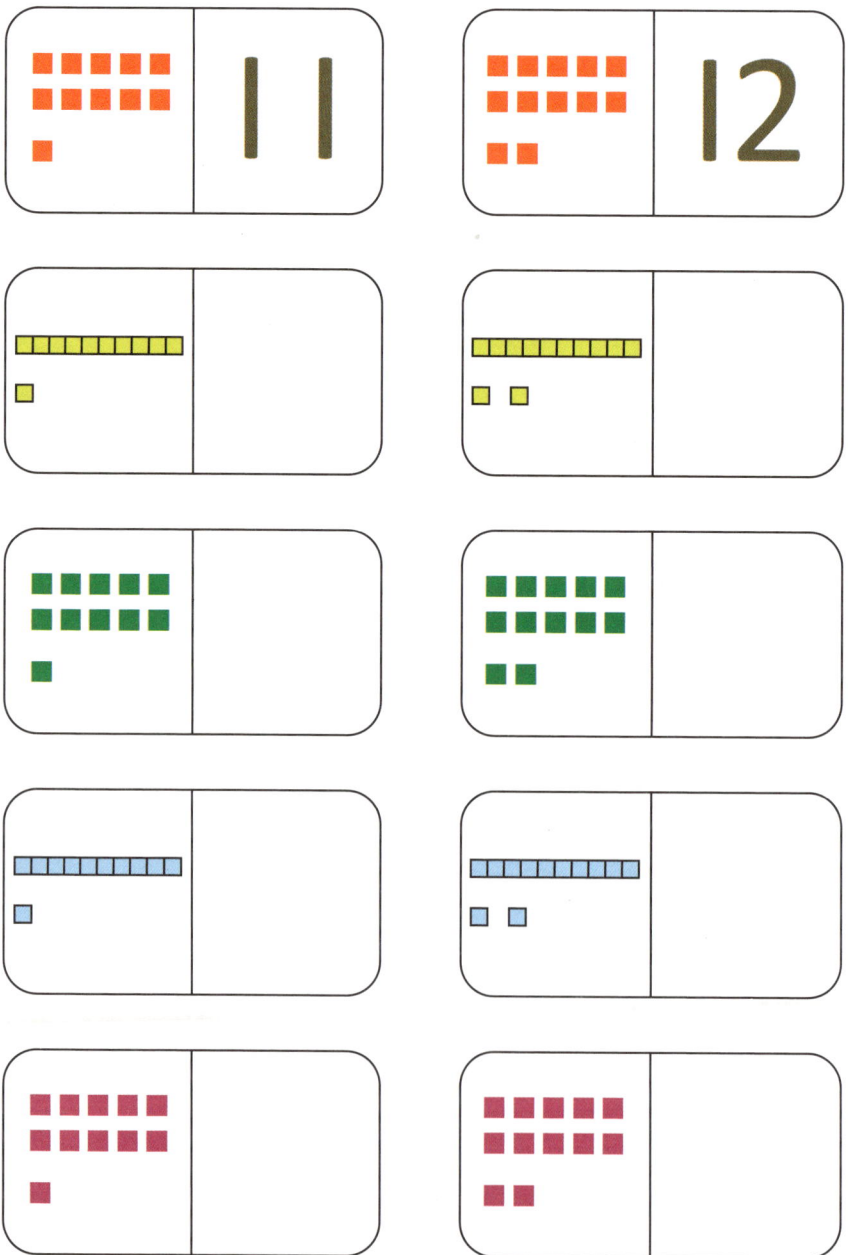

Date

Time spent | Yes, I'm done!

min

22 Numbers 11 ~ 20 ②

♠ **Write the missing number.**

	12	13
11		13
10	11	
10		12

♠ **Write the missing number.**

| 11 | | 13 | 14 | 15 |

| | 12 | 13 | 14 | 15 |

| 11 | | 13 | 14 | 15 |

| | | 13 | 14 | 15 |

Date

Time spent | Yes, I'm done!

min

23 Numbers 11 ~ 20 ③

♠ **Count and write the number of objects.**

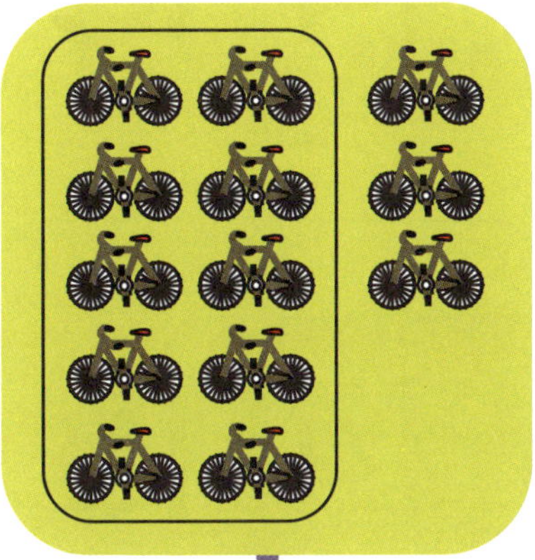

13

Thirteen

13

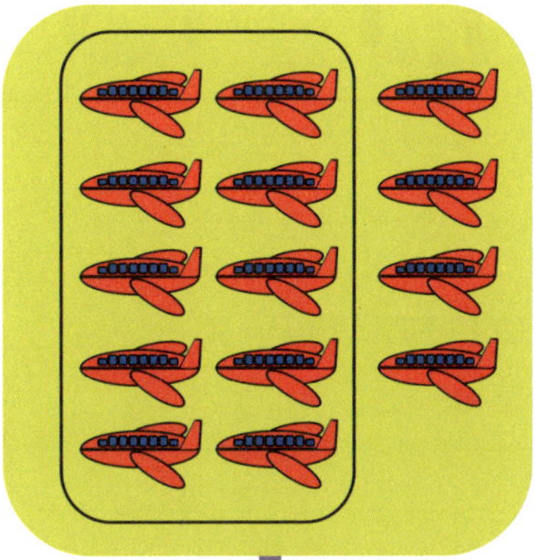

14

Fourteen

14

♠ **Count and write the number of objects.**

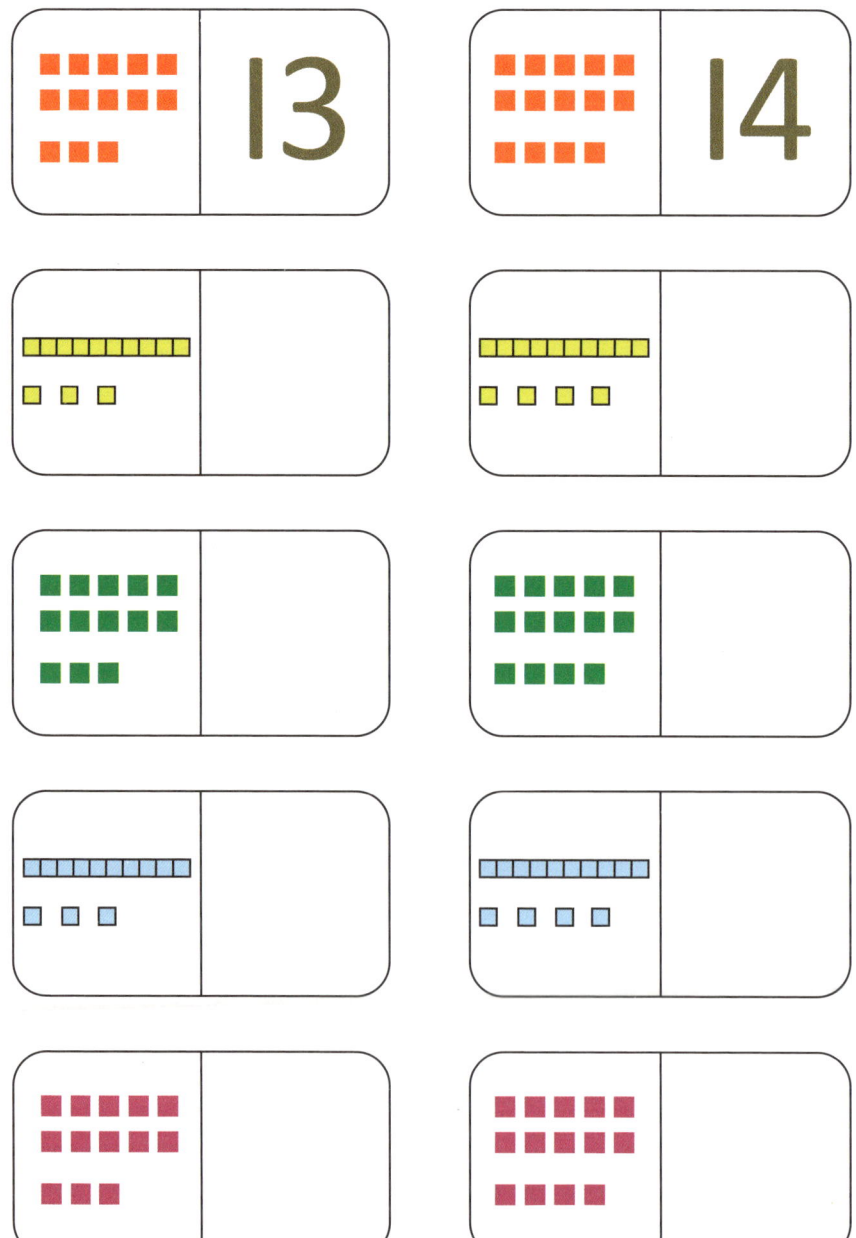

Date

Time spent | Yes, I'm done!

min

24 Numbers 11 ~ 20 ④

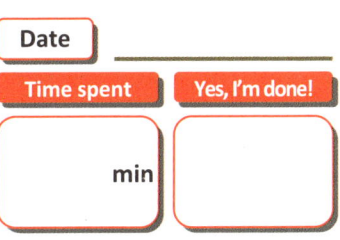

♠ Write the missing number.

12 — 13 — ( )

12 — ( ) — 14

( ) — 14 — 15

13 — ( ) — 15

♠ **Write the missing number.**

| 11 | 12 | | 14 | 15 |

| 11 | 12 | 13 | | 15 |

| 11 | 12 | | 14 | 15 |

| 11 | 12 | | | 15 |

Date ____

Time spent | min

Yes, I'm done!

25 Numbers 11 ~ 20 ⑤

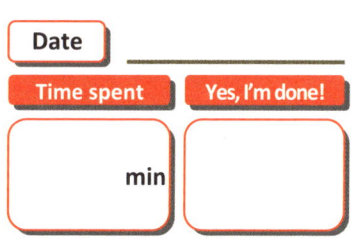

♠ **Count and write the number of objects.**

15

Fifteen

16

Sixteen

15		16	

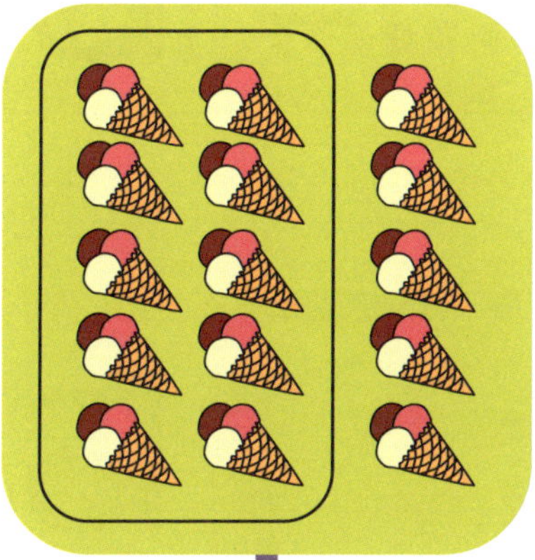

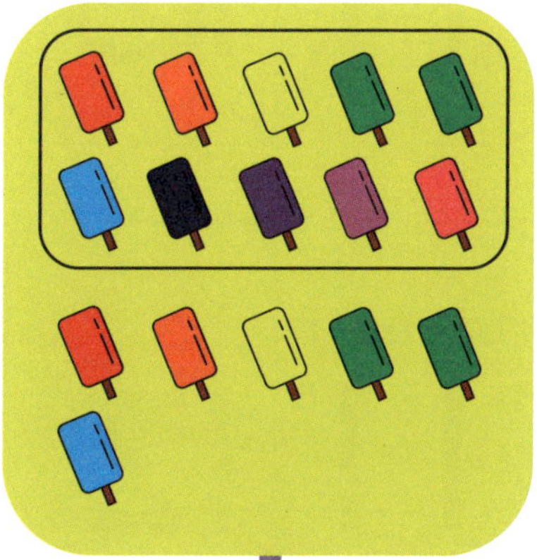

♠ **Count and write the number of objects.**

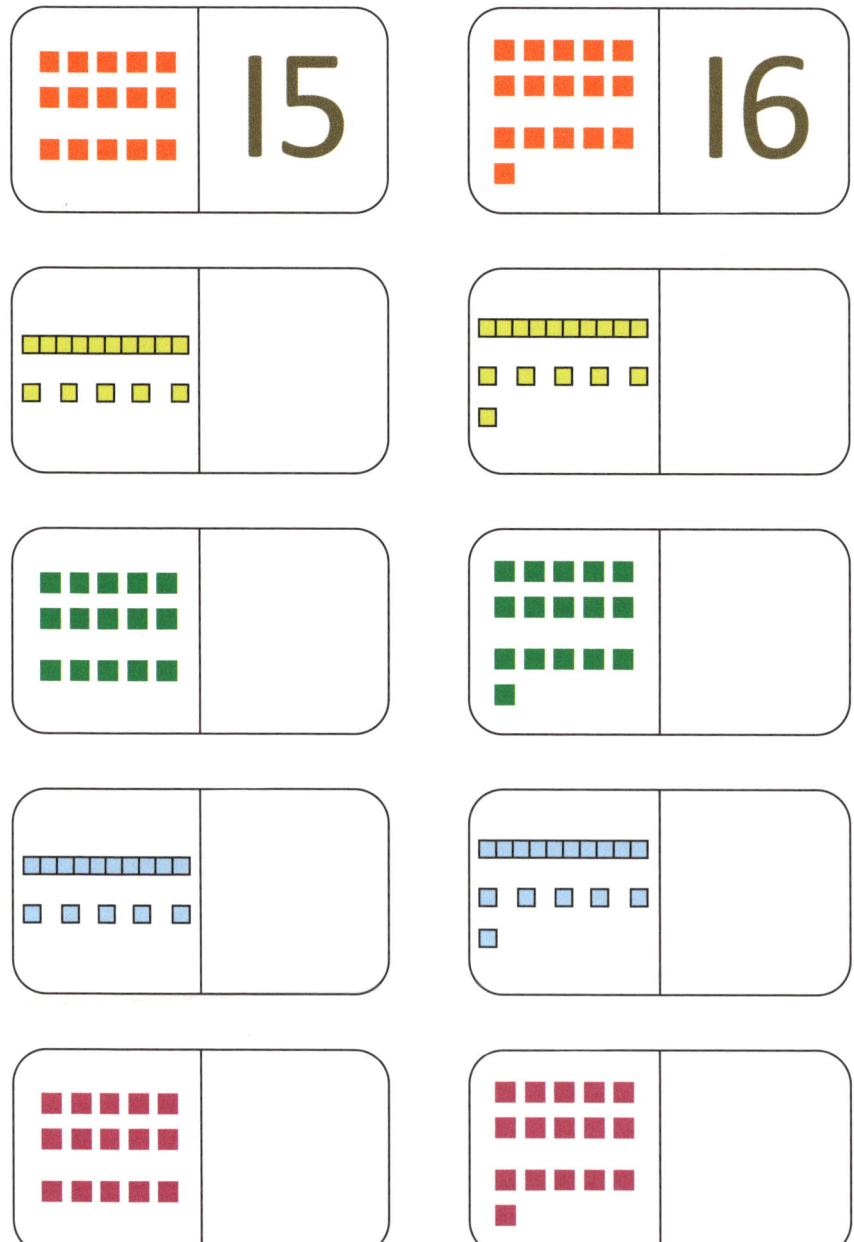

26 Numbers 11 ~ 20 ⑥

♠ Write the missing number.

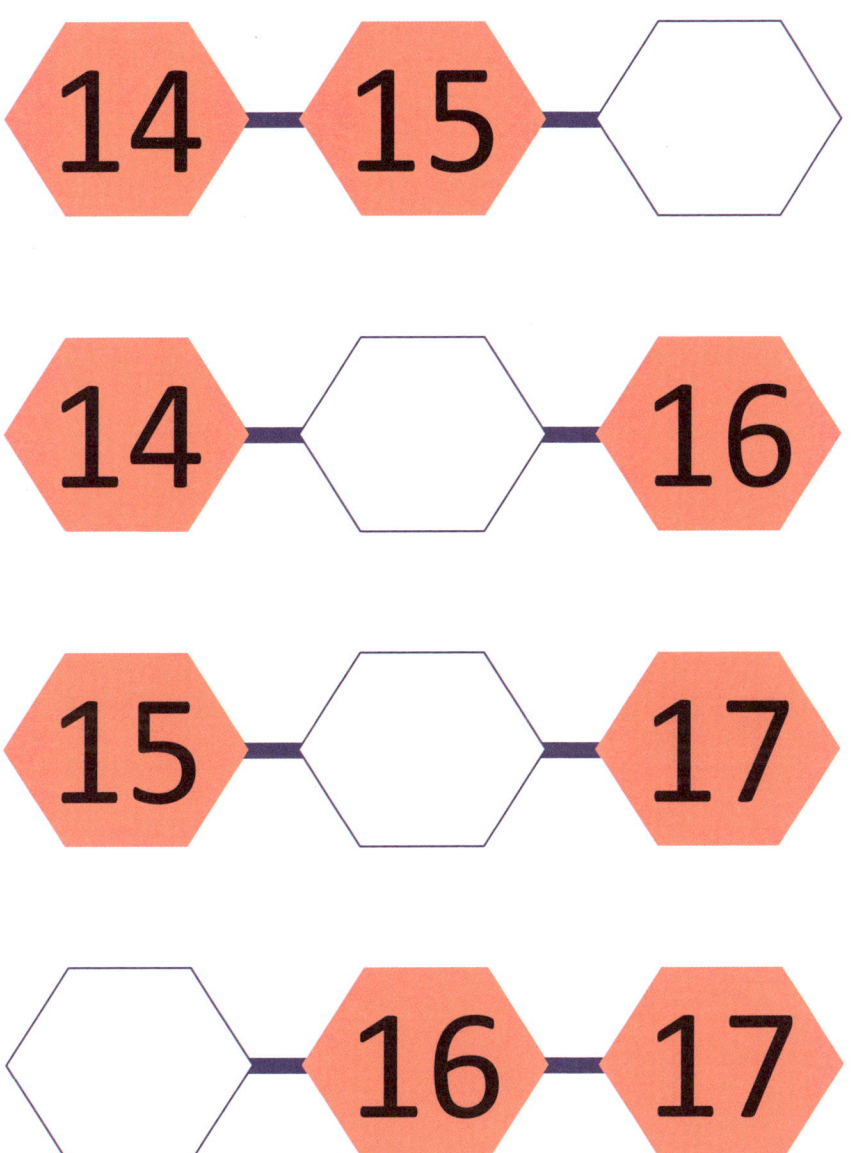

♠ **Write the missing number.**

| 13 | 14 | | 16 | 17 |

| 13 | 14 | 15 | | 17 |

| 13 | 14 | | 16 | 17 |

| 13 | 14 | | | 17 |

27 Numbers 11 ~ 20 ⑦

Date

Time spent | min

Yes, I'm done!

♠ Count and write the number of objects.

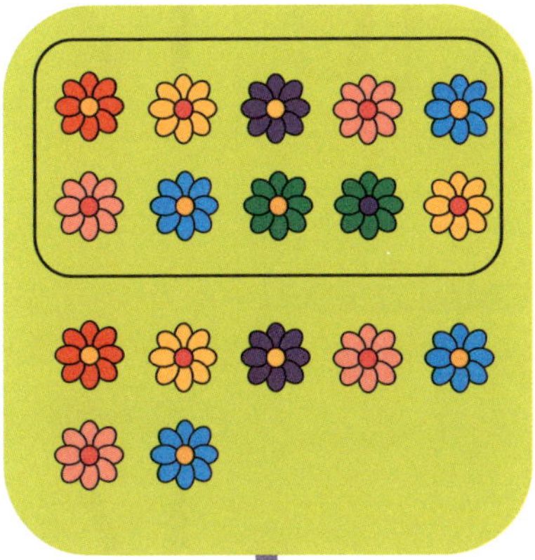

17

Seventeen

17

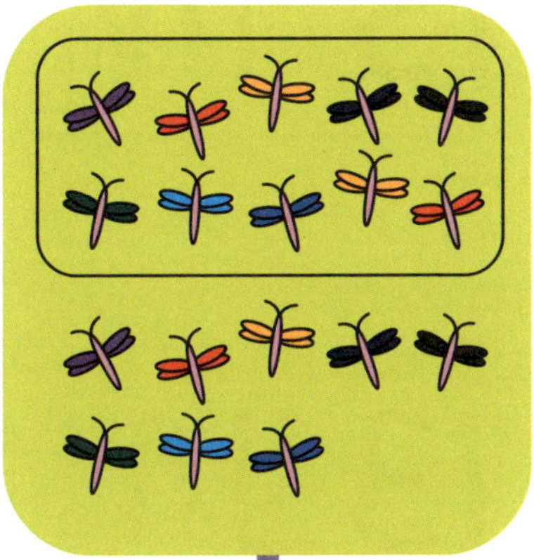

18

Eighteen

18

♠ **Count and write the number of objects.**

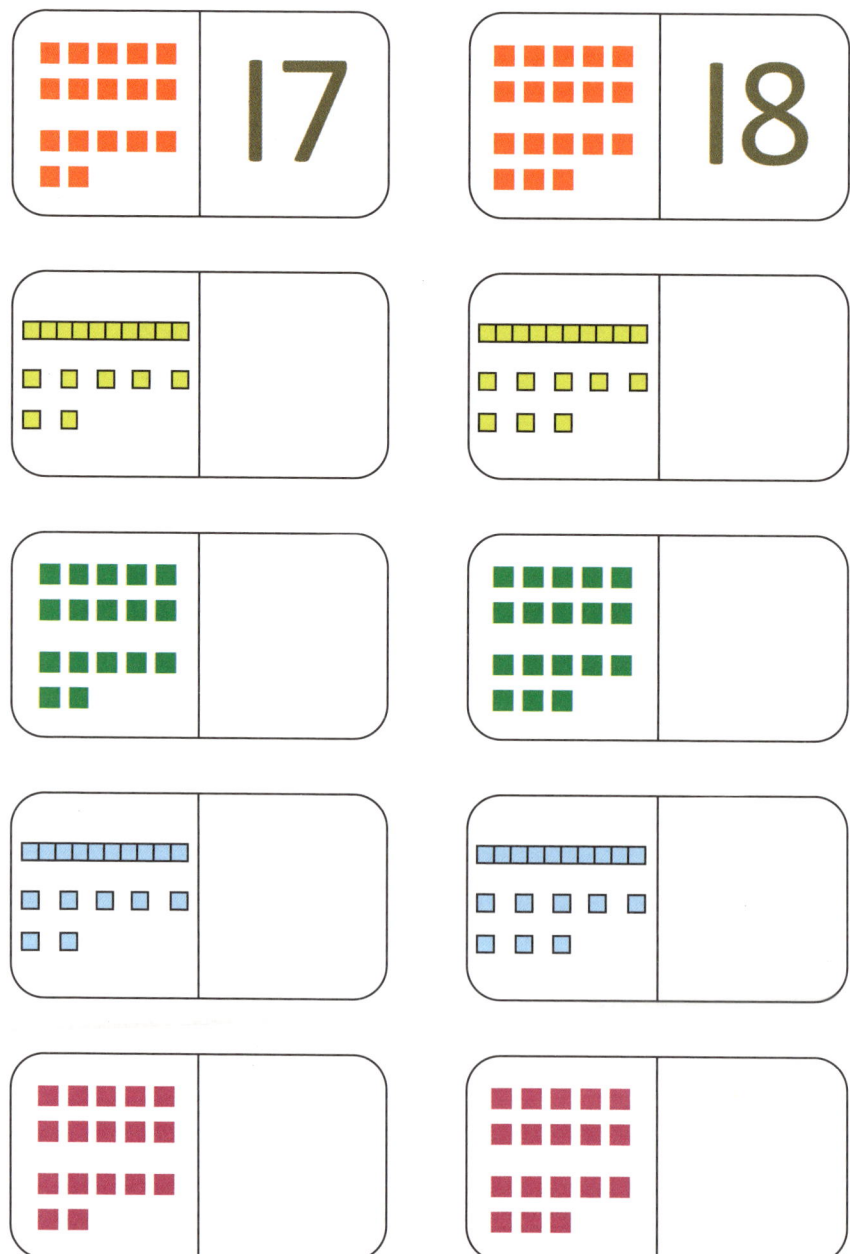

Date ____________

Time spent: ____ min

Yes, I'm done!

28 Numbers 11 ~ 20 ⑧

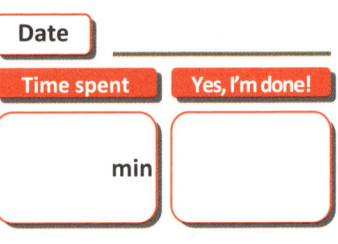

♠ **Write the missing number.**

16 — 17 — ( )

16 — ( ) — 18

15 — 16 — ( )

17 — ( ) — 19

♠ **Write the missing number.**

| 16 | | 18 | 19 | 20 |

| 16 | 17 | | 19 | 20 |

| 16 | | 18 | 19 | 20 |

| 16 | | | 19 | 20 |

Date ______

Time spent: ____ min

Yes, I'm done!

29 Numbers 11 ~ 20 ⑨

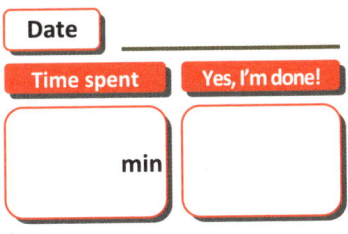

♠ Count and write the number of objects.

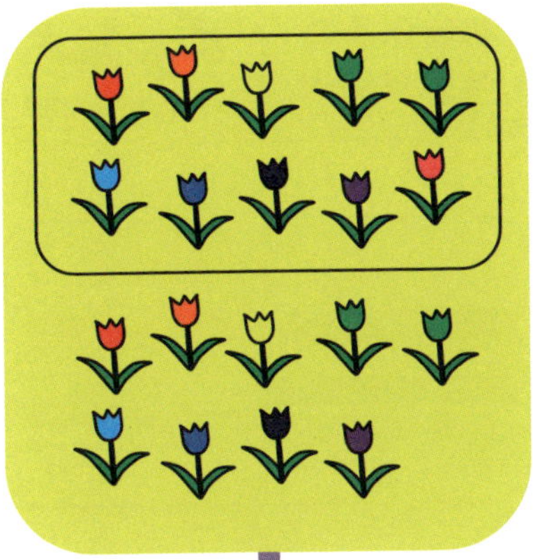

19

Nineteen

19	

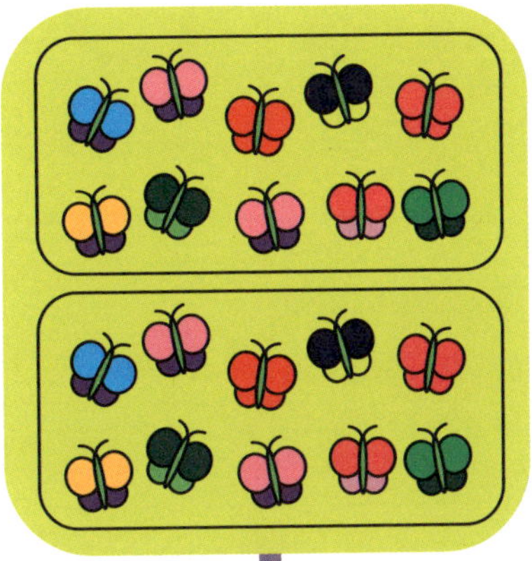

20

Twenty

20	

♠ **Count and write the number of objects.**

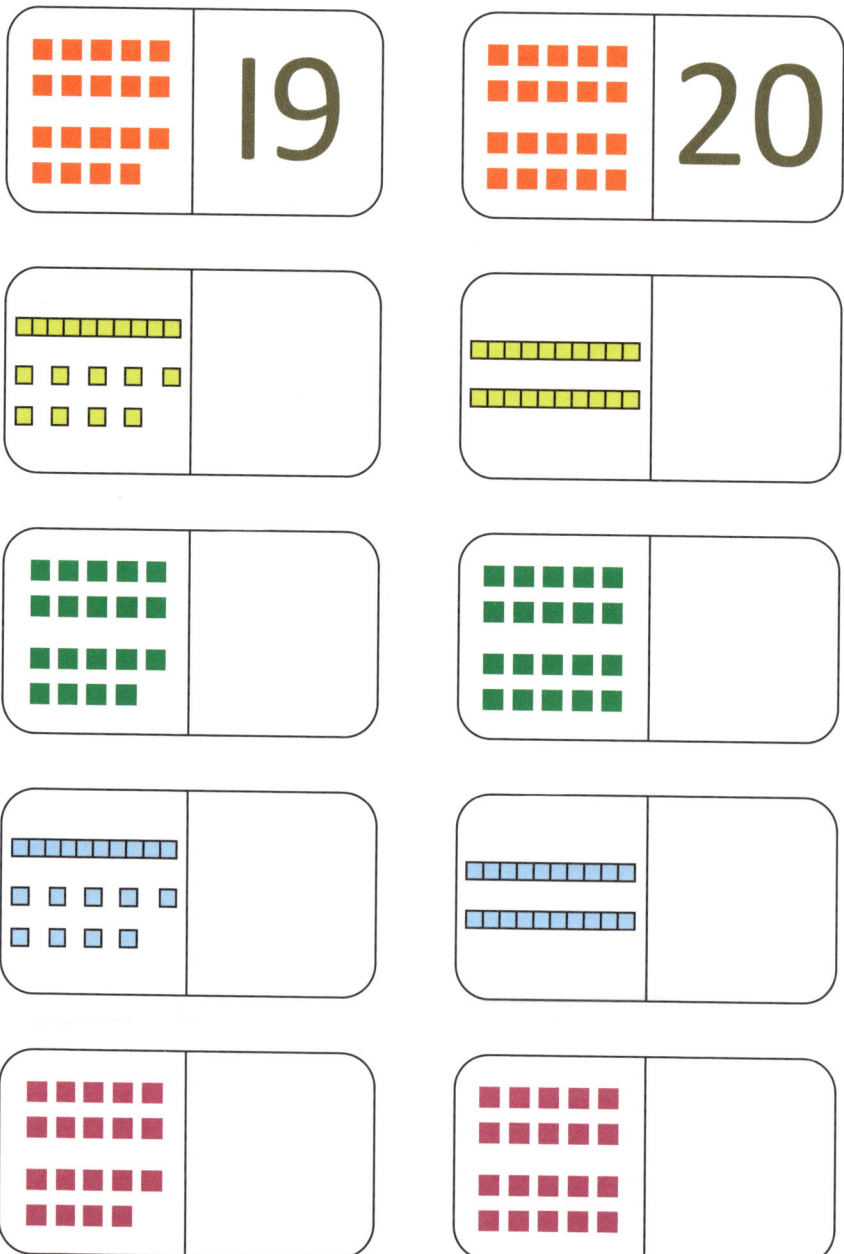

Date

Time spent | Yes, I'm done!

min

30 Numbers 11 ~ 20 ⑩

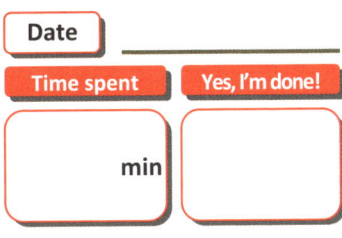

♠ **Write the missing number.**

18 — ☐ — 20

18 — 19 — ☐

19 — ☐ — 21

☐ — 20 — 21

♠ **Write the missing number.**

| 16 | 17 | 18 | | 20 |

| 16 | 17 | 18 | 19 | |

| 18 | | 20 | 21 | 22 |

| 18 | | | 21 | 22 |

Week 4

This week's goal is to review the numbers between 1 and 20.

Tiger Session

Day		
Monday	31	32
Tuesday	33	34
Wednesday	35	36
Thursday	37	38
Friday	39	40

31 Review: Numbers 1 ~ 20 ①

♠ Count the objects and circle the right number.

   2   3   4

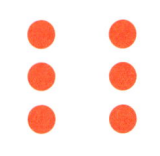   4   5   6

   6   7   8

   8   9   10

♠ **Count and write the number of objects.**

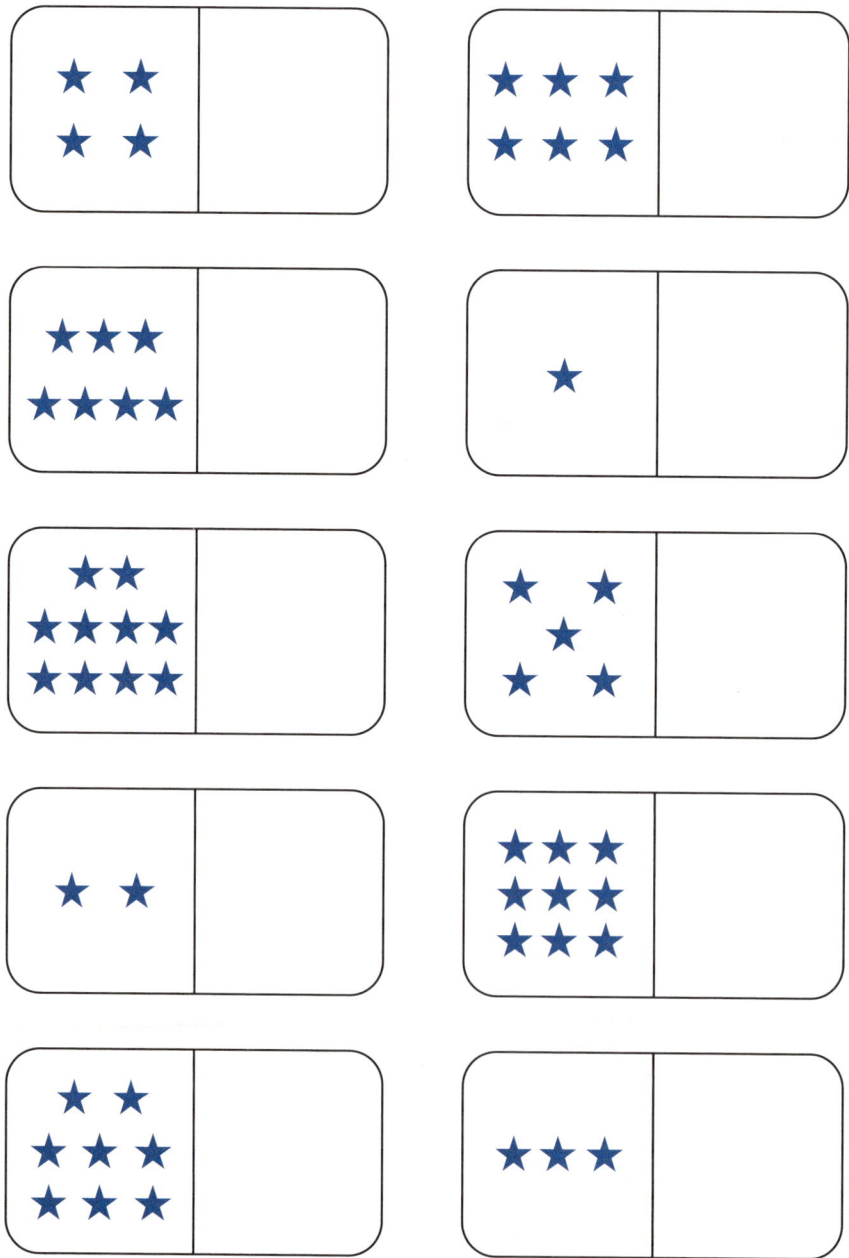

Date ____________

Time spent ______ min

Yes, I'm done! ______

32 Review: Numbers 1 ~ 20 ②

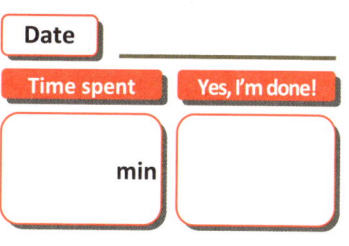

♠ **Write the missing number.**

( )	3	4
5	( )	7
8	9	( )
7	( )	9

♠ **Write the missing number.**

| 1 | | 3 | 4 | 5 |

| 6 | | 8 | | 10 |

| 1 | 2 | 3 | | |

| | 7 | | 9 | 10 |

Review: Numbers 1 ~ 20 ③

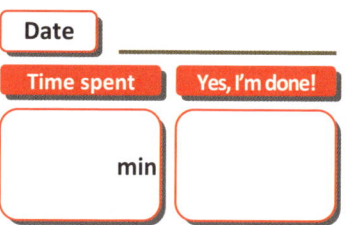

♠ Count the number of objects and connect to the number.

   •   • 16

   •   • 13

   •   • 15

   •   • 18

♠ **Count and write the number of objects.**

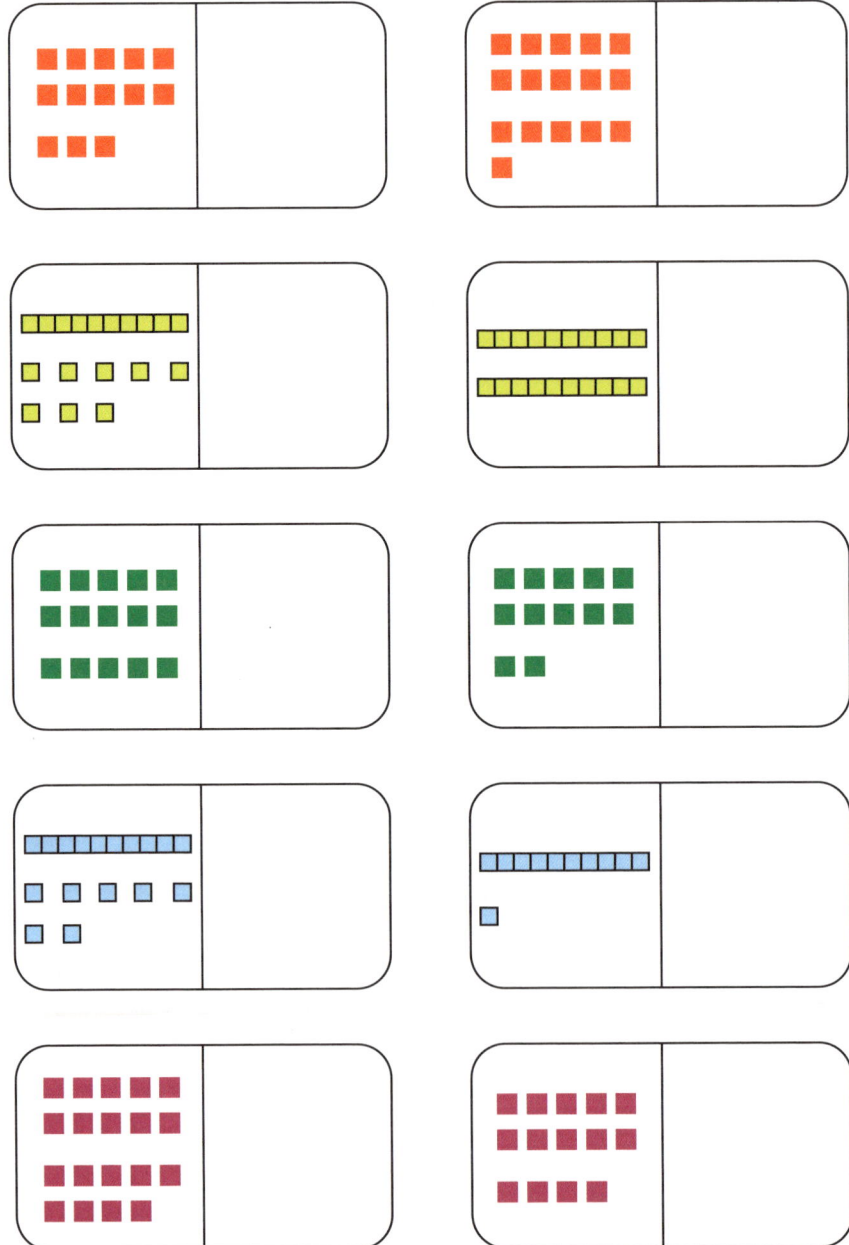

Date

Time spent | Yes, I'm done!

min

34 Review: Numbers 1 ~ 20 ④

♠ Write the missing number.

15 — ( ) — 17

14 — 15 — ( )

( ) — 12 — 13

18 — ( ) — 20

♠ **Write the missing number.**

| 11 | | 13 | | 15 |

| 16 | 17 | | 19 | |

| | 12 | | 14 | 15 |

| 16 | | 18 | | 20 |

35

Review: Numbers 1 ~ 20 ⑤

♠ **Circle the dots as many as the given number.**

| 5 | • • • • •   • • • • •
• • • • •   • • • • • |

| 10 | • • • • •   • • • • •
• • • • •   • • • • • |

| 15 | • • • • •   • • • • •
• • • • •   • • • • • |

| 20 | • • • • •   • • • • •
• • • • •   • • • • • |

♠ **Count and write the number of objects.**

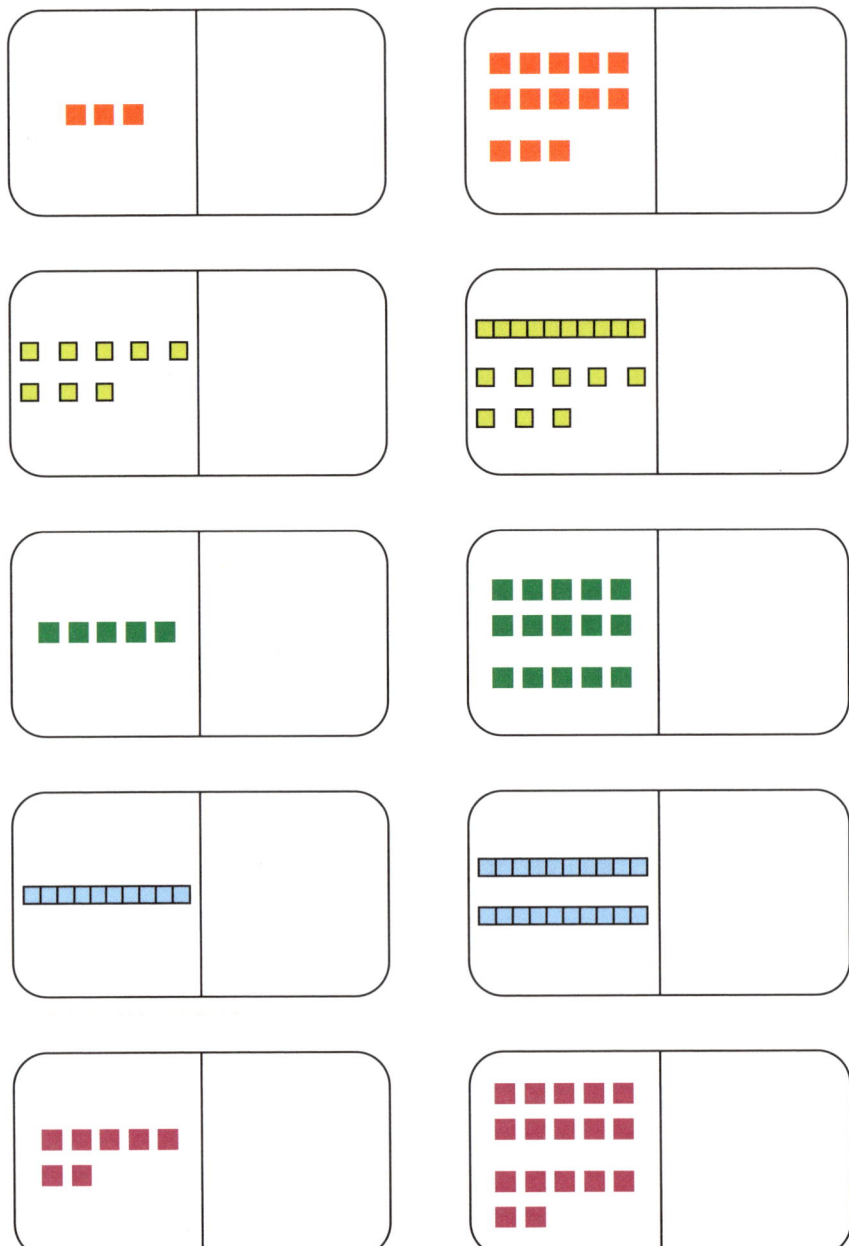

Date

Time spent: min

Yes, I'm done!

36 Review: Numbers 1 ~ 20 ⑥

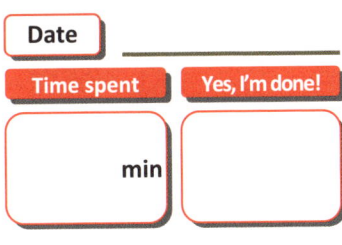

♠ Write the missing number.

4 — [ ] — 6

[ ] — 7 — 8

3 — [ ] — 5

5 — 6 — [ ]

♠ **Write the missing number.**

1		3		5

	7		9	10

11		13		15

16	17		19	

37 Review: Numbers 1 ~ 20 ⑦

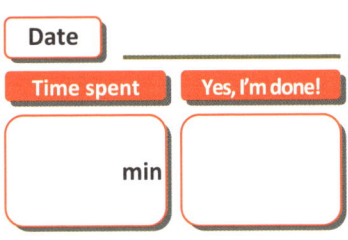

♠ Draw as many circles as the given number.

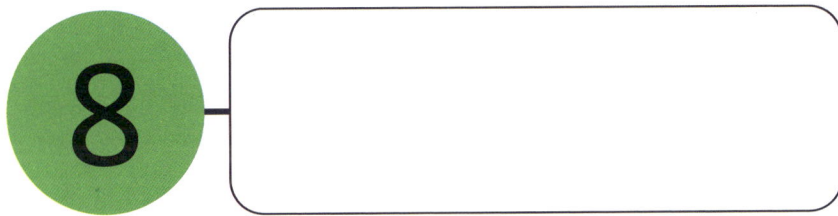

♠ **Count and write the numbers of objects.**

38

Review: Numbers 1 ~ 20 ⑧

♠ **Write the missing number.**

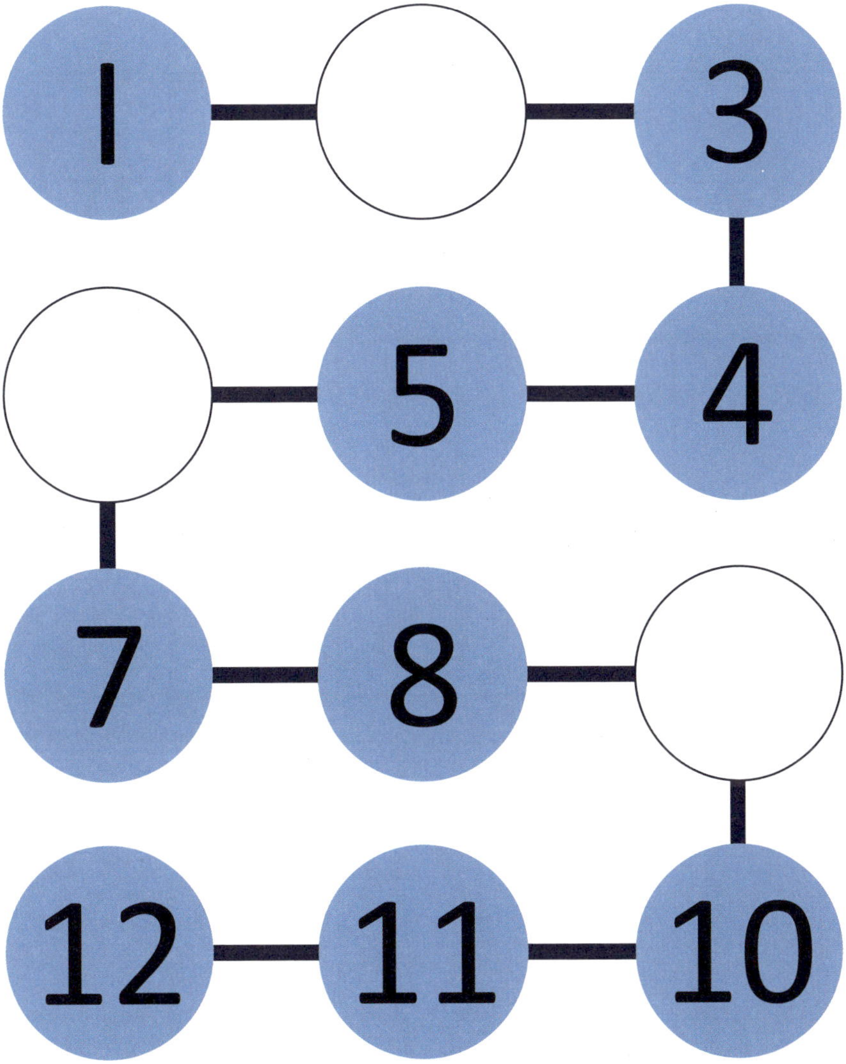

1 — ◯ — 3

◯ — 5 — 4

7 — 8 — ◯

12 — 11 — 10

♠ **Write the missing number.**

1		3	4	
6	7			10

	12	13		15
16		18	19	

21	22	23	24	25
26	27	28	29	30

Review: Numbers 1 ~ 20 ⑨

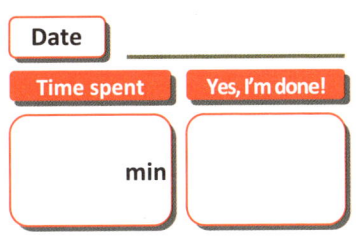

♠ Count the objects and circle the right number.

♠ **Count and write the number of objects.**

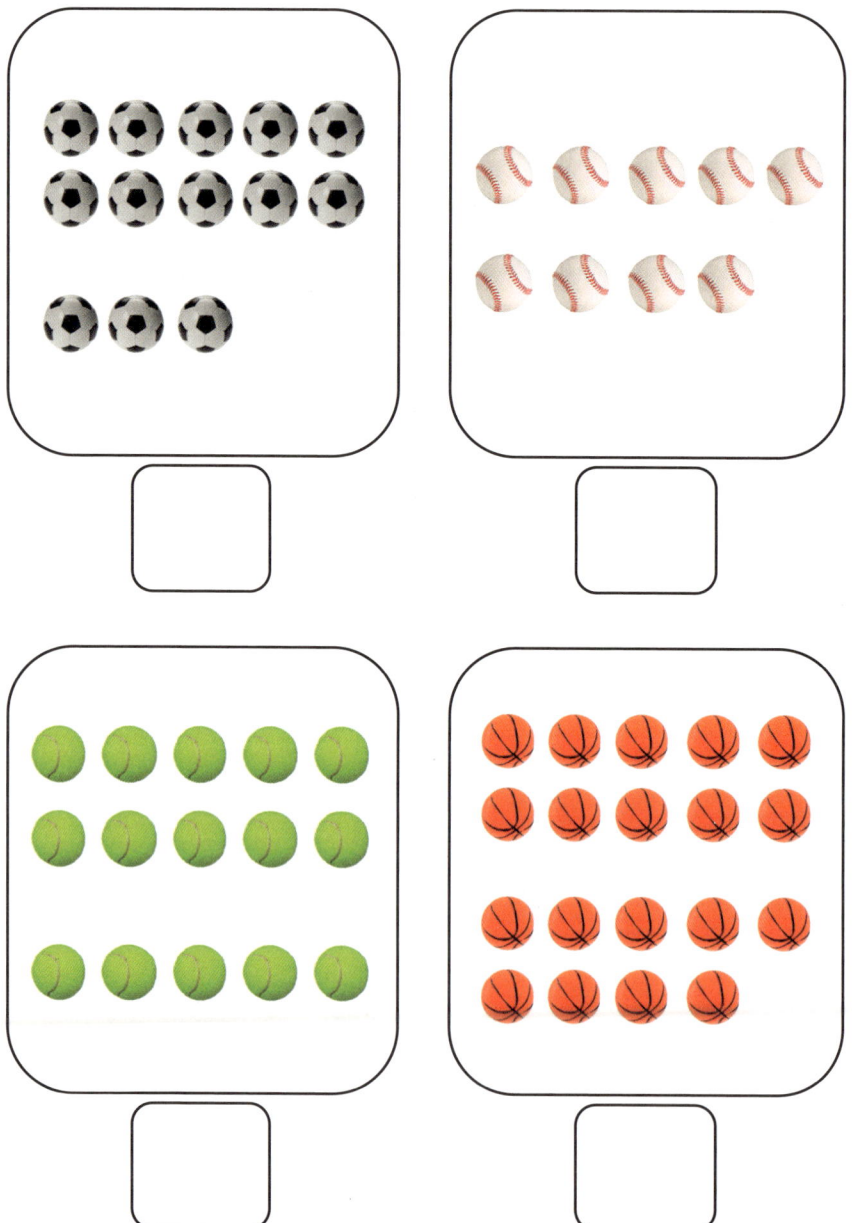

40

Review: Numbers 1 ~ 20 ⑩

Date

Time spent | min

Yes, I'm done!

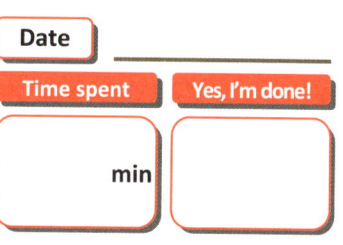

♠ Write the missing number.

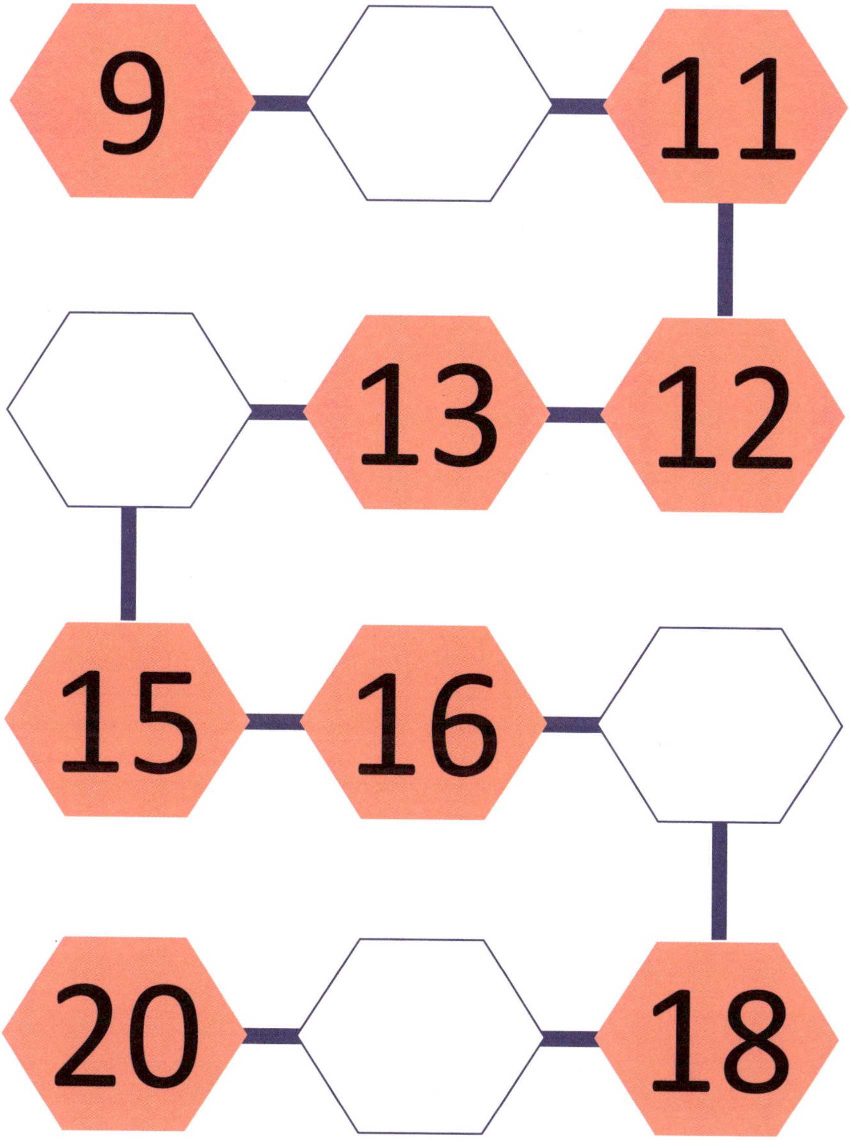

♠ **Write the missing number.**

	2	3		5
6		8	9	

11	12		14	
	17		19	20

21	22	23	24	25
26	27	28	29	30

Number Table

1 ~ 50

1	2	3	4	**5**	6	7	8	9	**10**
11	12	13	14	**15**	16	17	18	19	**20**
21	22	23	24	**25**	26	27	28	29	**30**
31	32	33	34	**35**	36	37	38	39	**40**
41	42	43	44	**45**	46	47	48	49	**50**

TIGER MATH

Dream. Do. Math.

Number Table

51 ~ 100

51	52	53	54	55	56	57	58	59	60
61	62	63	64	65	66	67	68	69	70
71	72	73	74	75	76	77	78	79	80
81	82	83	84	85	86	87	88	89	90
91	92	93	94	95	96	97	98	99	100

TIGER MATH

Dream. Do. Math.

Tiger Math

ACHIEVEMENT AWARD

THIS AWARD IS PRESENTED TO

_____

(student name)

FOR SUCESSFULLY COMPLETING

TIGER MATH LEVEL A – 1.

Dr. Tiger

_____

Dr. Tiger

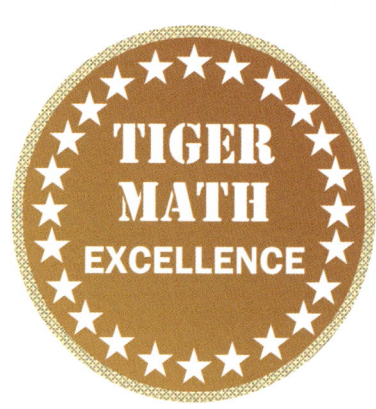